实用拼布指南

——拼布被制作基础全纪录

伊丽莎白·哈特曼（Elizabeth Hartman） 著

图书在版编目（CIP）数据

实用拼布指南：拼布被制作基础全纪录 / (美) 哈特曼著；郑静东译. —北京：华夏出版社, 2015.1（2016.9重印）
（闲时光）
书名原文:The Practical Guide to Patchwork: New Basics for the Modern Quiltmaker
ISBN 978-7-5080-8150-2

Ⅰ. ①实… Ⅱ. ①哈… ②郑… Ⅲ. ①布料－手工艺品－制作－指南 Ⅳ. ①TS973.5-62

中国版本图书馆CIP数据核字(2014)第142772号

实用拼布指南：拼布被制作基础全纪录

著　　者　（美）伊丽莎白·哈特曼
译　　者　郑静东
责任编辑　Dora
责任印制　刘洋
出版发行　华夏出版社
经　　销　新华书店
印　　刷　北京华宇信诺印刷有限公司
装　　订　三河市少明印务有限公司
版　　次　2015年1月北京第1版　　2016年9月北京第2次印刷
开　　本　889×1194　1/16
印　　张　8
字　　数　60千字
定　　价　49.80元
华夏出版社　地址:北京市东直门外香河园北里4号　邮编:100028
网址:www.hxph.com.cn　电话:(010)64663331(转)
若发现本版图书有印装质量问题，请与我社营销中心联系调换。

目　录

献词与致谢

谨以本书献给我博客的读者，还有网上的同道们。谢谢你们热情分享作品，一直以来支持我，给我灵感。

我要感谢我的丈夫克里斯・哈特曼（Chris Hartman）对本书的支持。感谢我的母亲苏珊・格林（Susan Green），还有我的姐妹玛格丽特・詹姆斯（Margaret James）和莎拉・格林（Sarah Green），帮助我裁剪贴花和手缝滚边。

同时也要感谢苏珊娜・伍兹（Susanne Woods）和每一位在C&T出版社工作的人，谢谢你们给予我这个机会。谢谢辛西娅・比克斯（Cynthia Bix）和南内特・蔡勒（Nanette Zeller）出色的编辑工作，是你们使得这本书更清晰易读。

前　言

我喜欢做东西。十年前，我第一次做拼布被，于是一发不可收拾地迷上了。我喜欢琢磨各种色彩与图案，喜欢整个流程中的井井有条，而最喜欢的是，做出一件**既精美又可用**的东西。

很多手工爱好者都不太愿意做拼布被，因为花的时间长，可能需要好几周甚至数月，不像手提包或裙子，一个下午轻松完成。拼布被的制作，步骤多，每一步都可能要求你学习一种新的技巧。

可是，其间的完整感和成就感也是不可替代的。一件好的拼布被作品，不仅是一件可以使用多年的东西，它的**每一个细节都透着"你"独一无二的想法和品味。**这本书中的每个设计，都会告诉你用多少布料，如何将拼布区块拼缝起来，但是作品最终还是体现着你独特的想法，因为细节上的每个决定都是你做的，不管是布料的组合，区块的布局，还是针脚的走法。

每一个区块图案的设计，就像一道趣味题，可以用不同方法去解开。初学者可以先尝试一些基础图案，稍有经验之后，再挑战更复杂的图案。希望所有人都能通过本书提供的设计方案，找到自己富有创意的"解题方法"。

请相信，在这个过程中，每一个步骤都是可以做到的。你也许要拆掉几针重新做过，也许会发现做出来的东西这里有点皱巴巴，那里有些松垮垮。不过放心，你最终做出来的东西一定是可以用的。

希望这本书能给你灵感，帮助你做出自己喜欢的作品！

拼布基础知识和技巧

在本章，我会从准备工具、选择布料，以及拼布的基本制作讲起，手把手地教你做拼布被。说起来容易做起来难，所以我建议，做第一件拼布被时，你还是不要给自己设定时限，比如说非要赶上迎婴派对或生日送礼。没有时限，你就可以按着自己的步调，循序渐进完成每一个步骤。你一定可以做得到！

如果你有拼布经验，那我希望本章也可以给你一些有用的建议，帮你做得更好。

材料与工具

购买材料时，一条值得借鉴的经验是，在力所能及的范围内购买质量最好的。既然坚持要做，而且做出来的拼布被也是要长久使用的，那么长远来看，在材料上稍作投入会保证你有个满意的结果。

材料

需要准备的材料包括：布料、线和铺棉。在此，我会详细地介绍一下这些材料。

布料

在拼布的过程中，我最喜欢的部分就是尝试新的布料。现代拼布人能找到的布料种类多不胜数，可谓充满惊喜。比如纯色布就有成百上千种颜色可供选择，而印花布也是一款更胜一款，美不胜收。

几乎所有用于拼布的印花布都是100%纯棉的。棉布方便使用、可洗涤，而且耐用。对于拼布人来说，这是一个很好的选择。它的耐用性也意味着做一件拼布被是多么一劳永逸的事。

用于拼布的棉布大都属于中等重量，而其他种类，如格子布、斜纹布、府绸、双层纱布等，也都适用于拼布。

100%亚麻布料带有一种天然色泽，看上去更有质感。如果想要衬托出亮色，或者与柔和的色调互为补充，亚麻布料是极佳的选择。不过，亚麻不易使用，因为它的织法较松，容易开线。但它独特的自然色泽总让人忍不住为它破费。

我最爱的纯色布是棉麻混纺布。两者的混合可谓相得益彰，一方面亚麻的重量和质感得以保存，另一方面棉的稳定性和紧密织法，使得制作更加容易。我还常用麻棉混纺布制作肩条，这样的话，混纺布的质感会与较光滑的布块形成不错的对比效果。

你还可以大胆尝试非传统的布料，比如马德拉斯彩格呢（Madras plaids）、复古风的亚麻布料（vintage bed linens）、棉衬衫衣料（shirting cottons）等。你只需谨记一点，本书中的设计方案（以及常见的拼布设计），都最好采用织法紧密、可洗涤和熨烫的布料。

除此之外，你还要记住，细软织物磨损得更快，不利于长期使用，恐怕不适于做拼布被。

注意：关于印花布的介绍以及如何选择合适的印花布，可参见第 24 页。

样布：

1. 双层纱布
2. 棉印花布
3. 斜纹布
4. 府绸
5. 亚麻
6. 棉麻混纺布
7. 布边

有关布料的术语

掌握这些术语，再去看本书的十二个设计方案，会明了很多。

布边　指的是布料的边缘，拼布布料的布边经常印着布料的名称和设计者的名字，并且本身就非常好看。有些拼布人会将布边保存起来，用于其他作品（如第 7 页图片所示）。

对折中缝　指的是当布边对着布边对折之后中间出现的折痕。

布纹　指的是纺织布料中织线与布边对齐的方向。棉布料和亚麻布料的纹理一般是与布边平行或垂直。沿着布纹裁剪的布料比较稳定，最适合拼布的拼接。

斜裁　指与布纹成 45 度角的方向裁剪。斜裁布料（比如，裁剪成三角形的布料）容易沿着斜向拉伸，需要小心处理。

幅宽　指布边与布边之间的距离，大多数情况下是 42 ~ 44 英寸。（为了适用于大多数的布料，本书教程中的布料宽度默认为 40 英寸，特殊情况另外说明。）

布长　指的是沿着布边计算，切边与切边之间的距离。布长就是裁剪的长度。比如说，2 码布就是布长 72 英寸的一幅布料。

小贴士

有些布料难以分清正面与反面，比如纯色布和蜡防印花布。理论上，你应该认定一面作为正面，并坚持下去。但实际上，你往往会忘了哪一面才是正面。如果两面几乎一模一样，那就不用刻意分清了。因为，如果连你也分不清楚，这个细微的差别是不会影响到作品效果的。

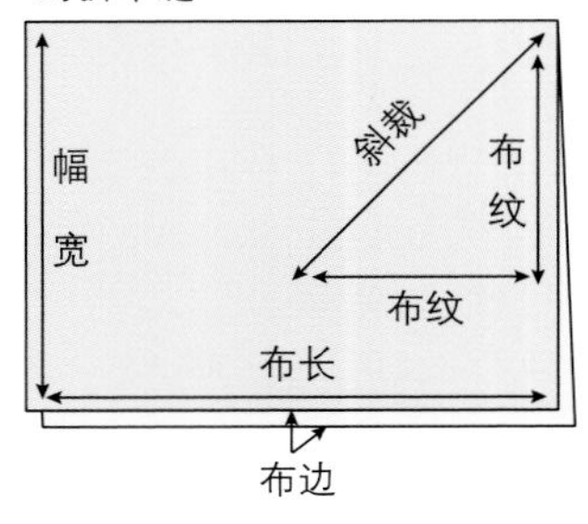

正面与反面　布料的正面是你希望展示的一面，常指有图案的一面，而反面则是你不希望展示的一面。

拼布被组成元素

拼布被就像一个三明治，由表布、里布和中间的铺棉夹层组成。表布和里布通常用拼接的方法完成，就是将小布片拼缝在一起，组成具有重复图案的区块。拼布三明治的各分层则通过绗缝结合起来，最后滚边。

《雨露或阳光》的细节（整体效果见第 118 页）

常见布料裁剪标准

码

在美国，拼布的棉布料是以码为单位出售的，幅宽通常为 42~44 英寸。大多数拼布商店以 1/8 码为增量，即 1/8 码是最小裁剪单位。网上的零售商经常设更大的最小裁剪尺寸，很多是 1/4 码或 1/2 码。

四开裁

四开裁是指将一码的布料沿着长边和宽边的各一半进行裁剪，最后得到的布块约为 18×21~22 英寸。同样是 1/4 码的布料，这些四开裁的布料比起在原始幅宽上裁剪的 1/4 码的布，有着更大的裁剪空间。

并不是所有商家都出售四开裁的布料，不过大多数都有这种尺寸，要么单件卖，要么多种花色搭配成包卖。

标准 1/4 码的布料与四开裁的 1/4 码不一定通用，所以一定购买设计方案中指定的类型。

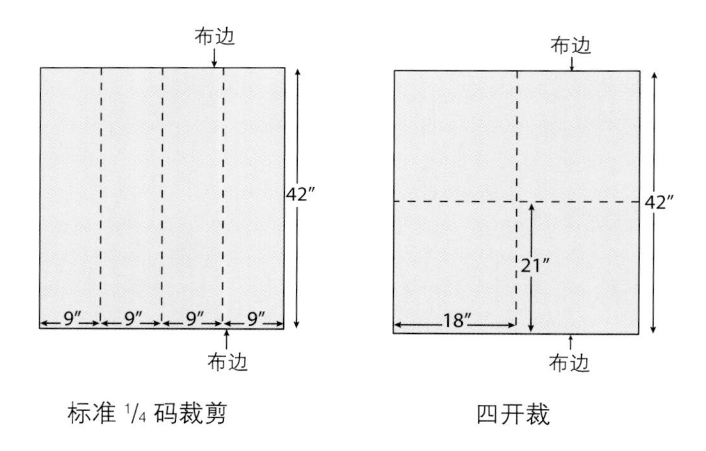

标准 1/4 码裁剪　　　　四开裁

预先裁好的方块

一些商家会出售预先裁成 5×5 英寸的方块布料包。这些成包的印花布通常每一片都来自一个系列。其中最流行的是“莫达魅力方块布”(Moda’s Charm Squares)。由于莫达的产品非常流行，人们经常把 5 英寸的方块布直接叫成魅力布或魅力方块布。

如果你要自行裁剪方块，标准的 1/4 码布料可以裁出 8 个方块，而四开裁的 1/4 码能裁出 12 个方块，四开裁的 1/2 码就能裁出 24 个方块。

小贴士

购买成包四开裁布料是条捷径，方便继续裁成更小方块，互相搭配。

小贴士

大多数商家是按系列出售印花布，即捆绑上了相互搭配的印花布。系列中的布料通常包括小、中、大不同的规格，还有几种不同的花色。知名设计师的系列（常称为“设计师系列”）非常受欢迎，常常在很短的时间内就被一抢而空。

假如你觉得布料搭配是件麻烦事，购买同一系列的印花布会是一个省时省力的做法。

预先裁好的布条

有些布料生产商和拼布商店会出售布条包，即预先裁好的2.5英寸×幅宽的布料。不同的商家对此的称呼不同，比如“莫达的果冻布卷”(Moda’s Jelly Rolls)、“罗伯特·考夫曼布卷”(Robert Raufman’s Rou Ups)，以及“威斯敏斯特设计师布卷”(Wesfminster’s Deigner Rolls)。

魅力布

预先裁好的布卷

洗，还是不洗?

拼布作者对于布料使用前是否应该洗涤各执一词，争执不下。其实，两种说法都有道理。

赞成预先洗涤的原因：

- 去除印花或染色过程中残留的化学物质
- 防止成品渗色
- 防止成品不同区块缩水不均
- 是检验布料是否耐用的好方法

反对预先洗涤的原因：

- 节约能源
- 节省时间
- 防止洗涤中布料开线或磨损

如果你使用的是拼布专用的高品质的布料，渗色和缩水不均的情况是很少发生的。不过，在未经洗涤前，你总是不能百分之百确信，所以预先洗涤通常是最保险的。

预先洗涤要用冷水，并设置最轻柔的洗涤方式。最后采用低温滚筒干燥，并在布料仍微湿时立刻熨平。

小贴士

预先裁剪的布料（比如预先裁好的方块布和条状布）不可以预先洗涤！

小贴士

是否预先洗涤并不会影响是否有“褶皱效果”（见第12页），因为，褶皱的质感主要是来源于天然纤维的铺棉。

铺棉

现在的拼布爱好者大多使用薄铺棉。本书中所有拼布都是使用这种铺棉，因为它容易附着于布料，使拼布三明治的制作与绗缝更加容易，作品完成后也更平整、温暖，而且洗涤后还会越来越柔软。

褶皱效果

铺棉的另一个特点是，洗涤后会产生一种褶皱的质感。

很多拼布爱好者都喜欢这种“褶皱效果”，洗涤晾干后被子会呈现出一种做旧的质感。这种质感是因为天然纤维的铺棉在拼布三明治的夹层中缩水与转移产生的。

褶皱会使被子更加柔软，不过也会掩盖拼接与印花的一些细节。

如果你不想要褶皱效果，你可以采用涤纶或者涤棉混纺的铺棉。

小贴士

如果你希望拼布被轻薄，夹层可以采用经过防缩加工的法兰绒。法兰绒的拼接与表布和里布的拼接相同（参见第 20 页和 29 页），烫开缝份，制作拼布三明治和绗缝，方法与用铺棉时相同。这样制作出的被子较轻，但是跟用铺棉的一样会起皱。

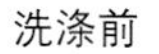

洗涤前

洗涤后

怎样选择大小合适的铺棉？

铺棉总是以固定规格出售（通常与床的规格对应，参见第 18 页），或者是铺棉卷按码出售。

> **小贴士**
>
> 如果打算对天然纤维铺棉进行防缩水加工，你要购买足够多的铺棉以补充缩水造成的损失。

固定规格铺棉　即使你的床是标准大小，你也不太可能找到规格完全符合的现成铺棉。你购买的铺棉要足够大，这样理论上你就可以根据需要进行裁剪。举个例子，如果你需要的铺棉大小是 80×80 英寸，那么你可以购买 90×96 英寸规格的铺棉，而 72×90 英寸的铺棉就太小了。

按码购买铺棉　如果你是按码购买铺棉，你应该先确定一下，铺棉卷的幅宽足够宽。比如说，如果你需要的是 100×100 英寸的铺棉，只有幅宽 90 英寸的铺棉卷就不符合要求了。

假如你找到了足够宽的铺棉卷，你需要购买足够长的码数才能方便裁剪。比如说，你需要的是 80×80 英寸的铺棉，就可以从幅宽 90 英寸的铺棉卷上裁出 2¼ 码。

只要铺棉与你需要的尺寸相同或者更大，你就可以先把它放在一边，不用浪费时间先去将其裁剪成精准的尺寸，因为那是拼布三明治时需要做的事情（参见第 32 页）。到那时，你可以将铺棉和表布一同平铺到地面，以表布为标准将铺棉裁剪成合适的大小。

本书建议，铺棉大小要比成品的表布大出 4 英寸。

线

拼接和绗缝用的线质量一定要好，100% 纯棉或 100% 涤纶线，廉价线不行，就算勉强能用，也绝对缝不好。

我建议选用中性色系的线进行拼接和绗缝（与纯色肩条同一种颜色是个不错的选择），并且要使用线轴中的同一种线。

如果你购买绗缝专用线，要确认你买的线适合机缝。手缝线上有一层涂蜡，是不可以用于缝纫机的。

基本工具

本书的拼布被制作只需要一些基本工具。下面是我的推荐。这些基础的拼布用品经常可以在当地的拼布商店或较大的手工用品商店购买到。

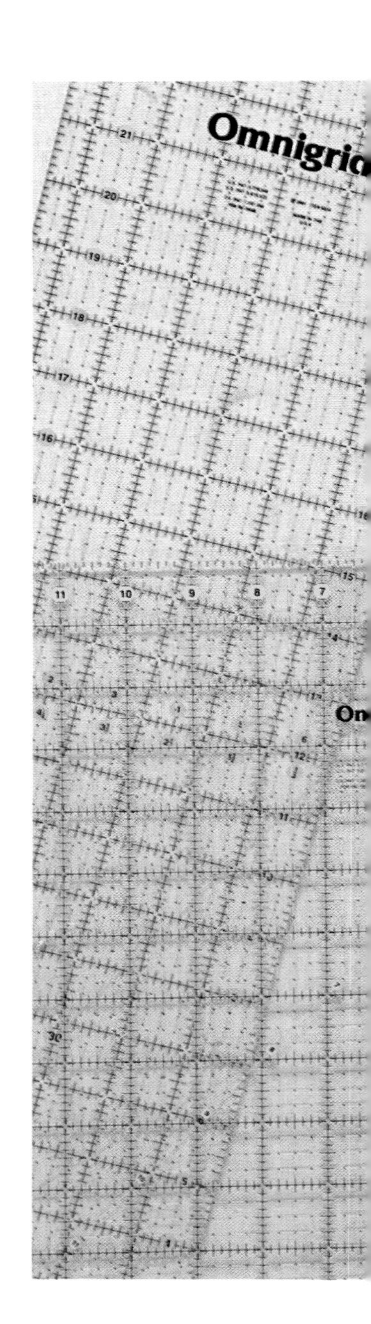

轮刀

选用手能轻松掌握的 45 毫米或 65 毫米的轮刀。轮刀的重要性就相当于裁缝手中的大剪刀，所以一定要结实，用着舒服。如果刀片钝了，要选择同一厂家相应尺寸的刀片来替换。通常，完成两三个拼布被作品后，我就会更换轮刀刀片。

自动修复割痕的切割垫板

选用的垫板要有清晰易读的数字和一英寸的网格线。我建议垫板尺寸至少有 24×36 英寸。如果买不到这么大尺寸的，至少也应该买 18×24 英寸大小的。垫板越大，裁剪时调整布料的次数就越少，所以大块的垫板有助于节省时间，且裁得更准确。

尺子

市面上有各种形状和规格的塑料拼布尺。其中有两种规格特别重要：6×24 英寸的长方形长尺，以及 12.5 英寸的正方形尺。这两种尺子都有 1/4 英寸的网格线。12.5 英寸的正方形尺还应该有一条对角线（45 度角）。同时，我也经常使用 4×14 英寸的尺子，它在切割小布片的时候更加灵活。

熨斗及熨衣板

你已有的熨斗和熨衣板应该就足够了。使用时要确保熨斗及熨衣板表面是干净的。我建议熨烫时打开蒸汽。不过，如果你的熨斗容易喷出锈水的话，你可以改成干熨斗加上喷雾瓶。

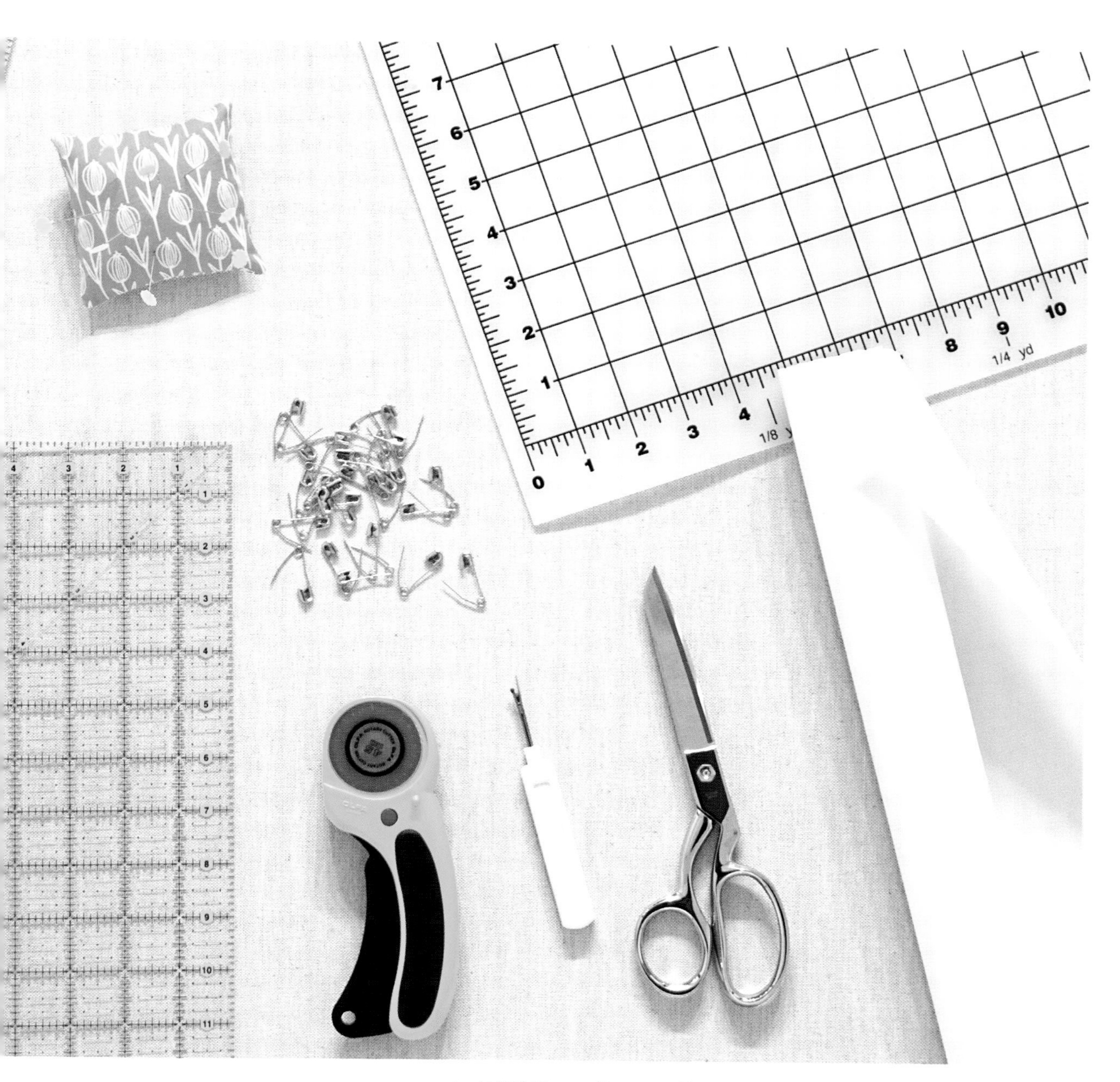

1. 切割垫板　2. 轮刀　3. 剪刀　4. 尺子　5. 拆线刀　6. 别针　7. 黏合衬

缝纫机针

机针的大小和类型有很多种。对于拼布的拼接，可以根据所用的布料，选中等尺寸（70/10~80/12）的针。如果是棉或亚麻布料的绗缝，通用的针就可以了。如果用的是较纤细的布料（如双层纱布）或者织法较紧密的布料（如府绸），那么选用特细机针更合适，这种针也很适合补花。绗缝要用重一些的针（90/14）。如果使用过程中总是折断，那就应该考虑换重一些的针。

针很容易磨损变钝，所以缝制八到十二小时后要记得换针。钝针会影响针脚效果。

珠针

要选用拼布专用的锋利且长的珠针。有塑料梅花头的，也有玻璃珠头的，两种都可以，我两种都用。

注意：如果珠针弯了，就扔掉。

收集布头的篮子

剪刀

虽然大部分裁剪工作都用轮刀，但仍要备一把专用布剪。剪刀要锋利，所以不要用布剪去裁纸张，也不要裁有黏合衬（见下文）的补花片，补花片要用工艺剪刀来裁剪。

拆线器

有时候，有些针脚不得不拆掉返工。拆线器方便拆线，又不会损伤布料。所以工作台上要时时备着拆线器。

布用笔

我喜欢用水消笔，非常方便。裁缝用的粉笔也常用，特别是用于深色布料。不管选哪种，记得先在碎布头上试试，确认标记可以清除。

黏合衬

黏合衬实际上就是一层薄薄的热熔黏合剂，熨热后可以将两片布料黏合在一起。黏合衬有打包售卖的，也可以按码出售，分双面胶和单面胶。对于本书中的简单机器补花，购买单面胶黏合衬就可以了。我常用的牌子是 HeatnBond Lite。

要注意黏合衬有轻型和重型（重型又叫“不缝”型）。只有轻型黏合衬适用于缝纫机。

安全别针

拼布专用的安全别针形状略微弯曲。在拼布三明治的疏缝过程中，常常需要几百个这样的别针，至少也要一百个（参见第 33 页）。

滚边工具

用滚边夹（常被误认为是条状发夹）或者珠针来固定滚边的位置，然后用锋利的手缝针进行手缝加工。

纸胶带

不管是油漆工用的分色胶带，还是家庭装修刷线用的遮掩胶带，或者画家用的留白胶带，都可以拿来用，我用的是在家装用品店就能买到的那种蓝色胶带。纸胶带是用来将里布固定到地板上的，以便在上面叠加铺棉和表布，也常用于疏缝。纸胶带不会损坏所贴表面，比如桌面或地板，在拼布三明治中是不可或缺的工具。

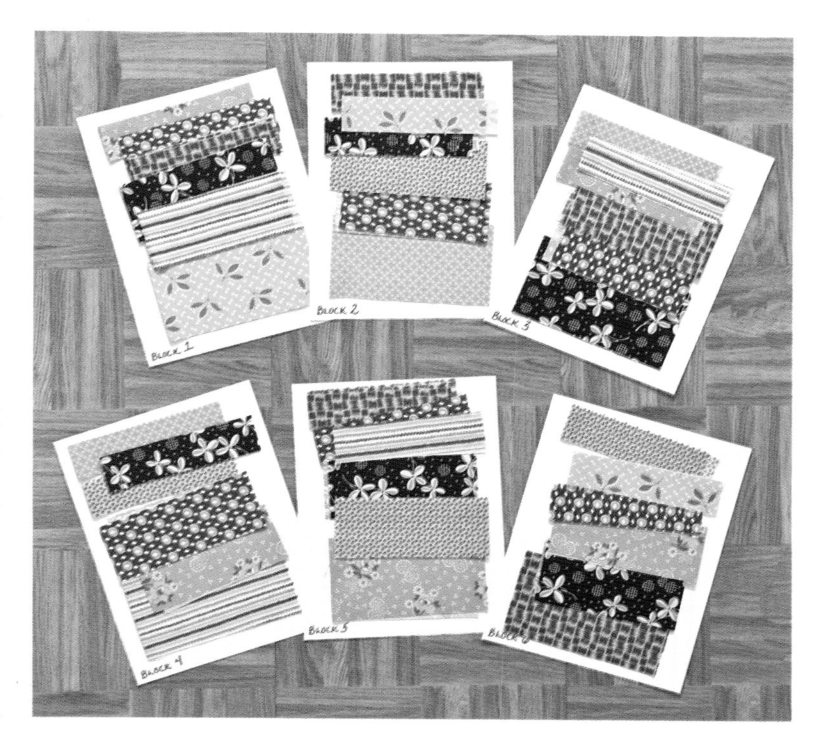

整理卡片或标签

这是个统称，包括拼接过程中使用的卡片纸，以及用来整理拼布方块的硬纸板。你可以买现成的，比如信纸大小的卡片纸，或者发扬环保精神，把家里能用的纸片收集起来，变废为宝。麦片粥的包装纸盒、特快专递的信封、纸质购物袋等都是极佳的整理卡片。我用整理卡片来分类，把属于同一区块的布料归拢到一起，这样布料就不会混淆了。商品吊牌和易事贴在标注区块和裁剪布片的过程中也能发挥很大的作用。

塑料桶或篮子

拼布的活一天内很可能干不完，所以你需要有地方存放所有裁剪好的布料。带盖子的塑料桶用来存放布料和没做完的拼布活儿是再合适不过的。

碎布头最好别扔掉，否则太可惜了。你可以用一个篮子把它们存放起来。一开始你可能不觉得多，但日积月累就多了。不知不觉中，这些差点被扔点的东西就成了宝贝，光用它们可能就够做成一件漂亮的拼布作品。

构思作品

一旦确定用哪种拼布图案，构思作品的乐趣便开始了。你接着要决定的是拼布的大小，还有最令人兴奋的事，那就是布料的选择。

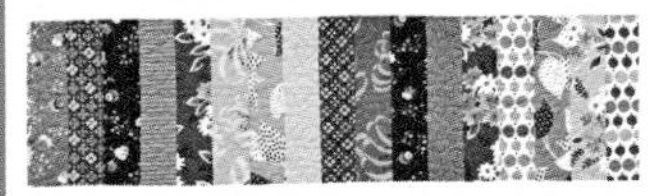

尺寸

拼布被可谓用途百变的美物。它可以是被子，而且适合任何尺寸的床，包括婴儿床，或者用作帷子，比如床帷、桌布、沙发巾之类的，又或者用作挂饰。

小贴士

以下尺寸可以为床被大小提供参考：

单人床：65~70 英寸宽×85~90 英寸长

普通 / 中号双人床：85~95 英寸宽×85~95 英寸长

大号双人床：90~95 英寸宽×105~110 英寸长

床被

床被的尺寸取决于被子有多大部分要悬垂在床垫的四周。我本人并不特别挑剔床上用品悬垂的效果。不过，制作床被既耗时又耗布料，所以测量好床垫大小和现有床上用品的大小，这应该是构思作品之前的必要工作，可以让你对成品与床的匹配效果有个大致把握。

小毯子

家居休闲、工作午休、野餐或海滩用的中等大小的小毯子。我制作的小毯子长度至少要和使用者的身高一样。（也就是说，躺在沙发上休息时，毯子至少可以盖到脚。）

婴儿被

传统的婴儿被尺寸大约是 45×60 英寸，但是更小一些的尺寸方便放到手推车或汽车安全座椅上，因而成了更为实用的礼物。我常用的婴儿被尺寸是长宽都在 30~45 英寸之间。

壁饰

迷你拼布，也常被称作“玩偶拼布”，会让你的家居装饰妙趣横生。迷你拼布通常只需要几个区块，所以制作迷你拼布是练手的好机会，为制作更大的拼布作品积累经验。

迷你拼布是很好的壁饰，要方便挂在墙上，可以将一块方块布沿对角线对折，一分为二，滚边之前缝到两个上角，滚边完毕后，就在两个上角形成两个三角兜，只要往里塞一根木钉或细木棍，就可以做成一个吊架。这个方法最适合 24 英寸以下宽度的小型拼布。

调整拼布尺寸

本书中每一种图案样式的尺寸等于所有区块的完成尺寸。所以，调整尺寸要从调整每一个区块的完成尺寸开始。

无肩条的图案

比如黑白照（第 51 页）、小盘子（第 56 页）、情人节（第 71 页）、小叶子（第 88 页）、太阳黑子（第 96 页），以及超级巨星（第 104 页）。

决定你想要的拼布尺寸之后，只需要计算一下，需要多少区块来完成，然后制作出差不多数量的区块就可以了。需要注意的是，大多数图案样式都是棋盘格或旋转布局方式，如果区块的数目不同，布局就会不太一样。特别是当横排或竖列的区块数目从奇数变成偶数，或者反过来从偶数变成奇数时，布局效果更会受影响。

对于只有外边缘肩条的图案：

比如小围栏（第 46 页）、厨房的窗户（第 77 页），以及小鸟戏水盘（第 112 页）。

基本过程与没有肩条的情况是一样的，但是需要增加或减少外边缘肩条的长度来与新的拼布尺寸匹配。如果你要制作的拼布尺寸要大得多，有必要时可以将几个较短的布片拼接成边缘肩条。

对于布块间有肩条的图案：

比如巧克力蛋糕（第 62 页）、天文馆（第 82 页），以及雨露或阳光（第 118 页）。

这些图案要调整尺寸会比较复杂一些，因为你在计算时还需要考虑到肩条的大小。在纸上画出拼布布局草图会很有帮助。

大多数情况下，改变了表布的尺寸就意味着里布图案也需要较大的调整。不过，本书介绍了多种里布的尺寸和风格，所以与其重新设计里布图案来适应另一种尺寸，不如浏览一下别的设计方案，找一种尺寸接近的布局。

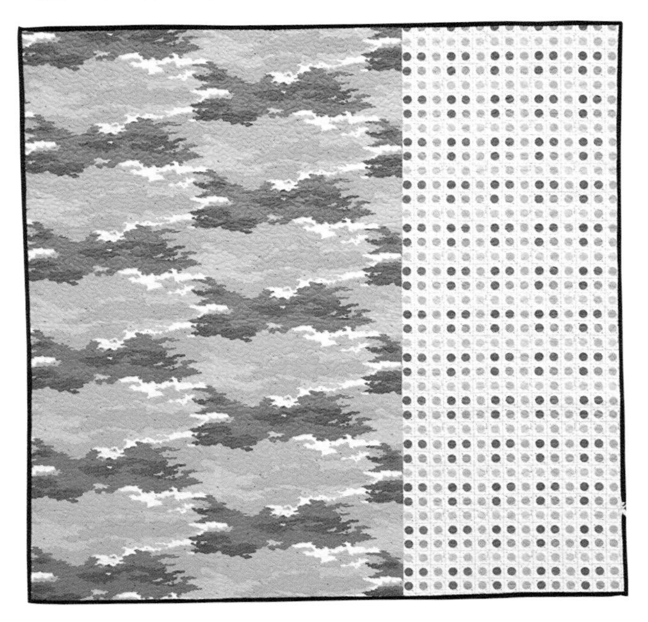

《巧克力蛋糕》的里布（完整拼布见第 62 页）

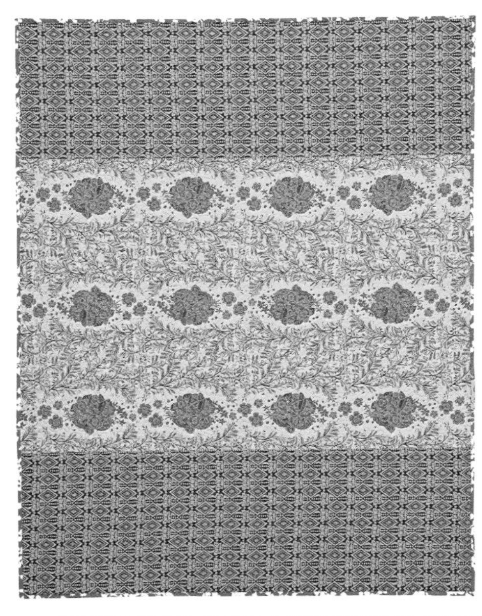

《厨房的窗户》的里布（完整拼布见第 77 页）

里布通常是试验自由拼接的好地方，而表布用剩的布头也正好在这里派上用场。

《小盘子》的里布（完整拼布见第 56 页）

选择布料

你选择的布料很大程度上决定了你拼布作品的特点，也是你体现个性的方式。

关于颜色

色相环是体现颜色之间关系的工具。它就好像一条环形的彩虹，帮助你选择出有效的配色方案。

如果你感觉选择布料这一环节很困难，我建议你从当地的艺术用品或拼布商店购买一个色相环。当你看到喜欢的布料或者布料组合的时候，你就可以查看色相环，决定采用哪种相应的配色方案。《三合一的色彩工具》(*The 3-in-1 Color Tool*, C&T 出版社有售）是一个很好的参考。

以下介绍不能说是详尽的颜色理论，不过，先熟悉一些颜色概念，以及本书涉及的配色方案，再去选择自己需要的布料，相信你会感觉容易一些。

暖色 VS. 冷色

红色、橙色和黄色是暖色，而绿色、蓝色和紫色是冷色。一般来说，暖色有“生发”的效果，在颜色组合中显得突出；而冷色则“内敛”，会显得潜沉。

暖色

冷色

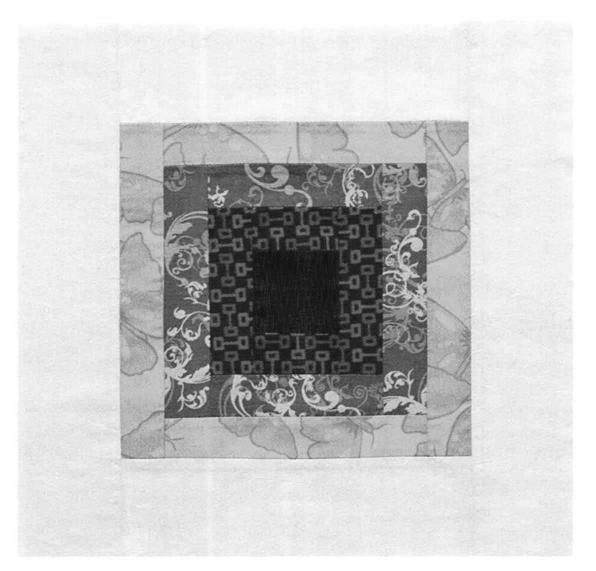

橙色由浅到深的明度渐变

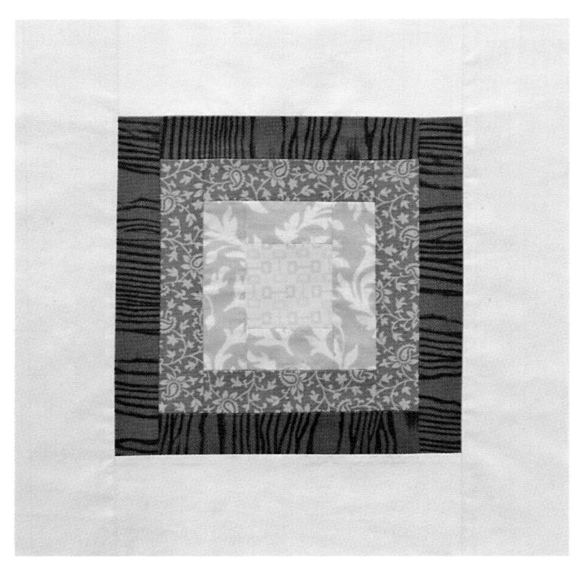

黄色的纯度对比

棕色系和灰色系的中性色调组合

小贴士

本书中的多数图案都要求采用中性色调纯色布料作为肩条。白色、灰色，以及天然亚麻色都是很合适的中性色调。

明度

明度指的是颜色的深浅。比如说，粉红色是较浅的红色。一般来说，组合布料时可以选择明度对比的颜色，这样可以形成不错的组合效果。

纯度

纯度指的是颜色的明暗。比如说芥末黄相较于淡黄色就较暗。相似纯度的颜色组合在一起会显得和谐，而不同纯度的颜色搭配则会形成有趣的对比。

中性色

灰色和棕色被认为是中性色。尽管黑色和白色并不算作是真正的颜色，它们也经常被当作中性色。中性色的使用能够让人们更加注意到色温（即冷色与暖色）。一般情况下，灰色和黑色要比褐色和棕色冷，不过，看仔细了，有时候你也会发现，偏红的灰色也可以暖暖的，而偏蓝的棕色却让你觉得冷。

绿色系的单色搭配

用紫红色、红色、橙色和金色的相似色搭配

用橙色和蓝色的互补色搭配

单色

单色方案是只用一种颜色。将单一颜色不同明度和纯度的布料组合起来，会带来很不错的配色效果。

相似色

相似色是指色相环上互相挨着的颜色。相似色搭配，即使用多种颜色，也显得和谐。

互补色

互补色是指色相环上相对的颜色。这些“相反的”颜色搭配会形成鲜明的对比，有突出的效果。

这么多印花布！

经常有人问我该如何选择印花布料，我的答案总是：用你喜欢的。这个答案听起来太过简单，但我真的觉得，这就是最好的方法，只有依靠你自己的品味，才能做出令你自己满意的作品。

如果你的确对着一堆不同的布料束手无策，那么你可以考虑购买系列布（第 10 页）。挑选你喜欢的系列，然后所有布料都可以从这一系列中购买。

当购买布料的时候，你很容易被艳丽的大花或者可爱讨喜的动物印花吸引。这些布料的确有用，也确实"先声夺人"，但你别忽略了基础款式的重要性，比如说小圆点、条纹、小花、和其他小型、中型印花的布料。

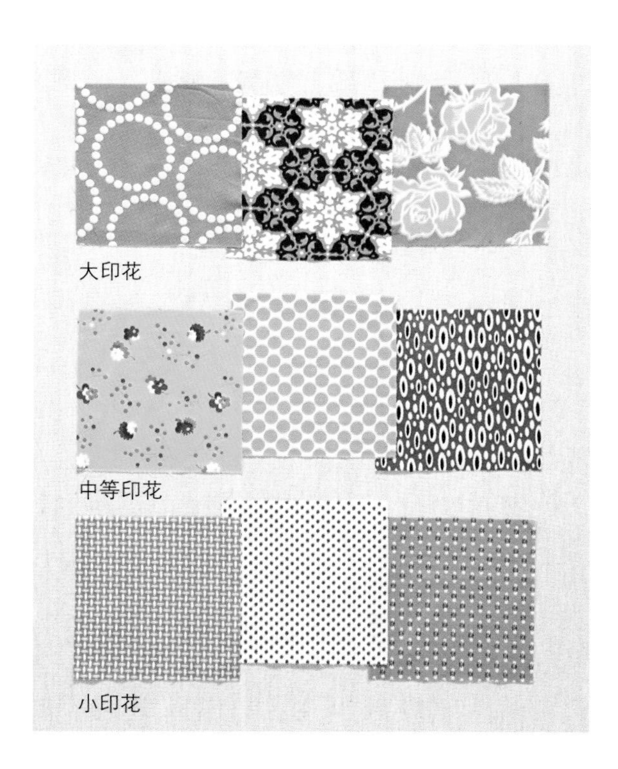

在选择印花布的时候，要考虑裁剪后的效果。你要考虑，小的印花是不是太小，而周围空白太多，结果用这种布裁出来的布片一多半儿居然没有印花。或者，大的印花是不是太大了，导致裁出来的布片效果走样，简直像另一种布料。你还要想好，有些复杂的印花是否真的能用（比如用取图裁剪法，只取你需要的部分，见第 28 页），如果不行，你就要换别的布料试试了。

小贴士

大多数印花布图案都比较常规，不会因为方向不同就显得上下颠倒。

有的布料印花明显有上下之分，我们称之为方向印花（directional print），如果选择这样的布料，拼接布片时就要注意，在整个拼布中，印花的上下要保持一致，以使拼布的整体效果一致。

当然，这些只是我的个人意见。拼布最棒的地方就在于，一个基本的样式，可以有许多不同方式来做。相信自己的品味，大胆运用本书中的样式，做出自己喜欢的作品，这是我真正愿意看到的。

制作步骤

与大多数事情一样，一件拼布作品要做成功，并不是只有一条独木桥可以走的。这一章介绍的是我经过多年尝试总结出来的方法。我希望对我管用的方法也能帮到你。

轮刀裁剪基本要点

一般情况下，轮刀裁剪时需要站着。这样比较方便，会给尺子更大的压力，使得裁剪更为准确。如果可能，就绕着桌子四周移动着裁剪，以免多次移动布料。

裁剪前，要保证布料平整无褶皱，可以提前熨平，这对于精确的裁剪至关重要。

安全第一！

我们先谈谈安全问题。

轮刀的刀片是非常锋利的，它可不知道哪里是布料，哪里是你的手指。很多轮刀都有锁刀片的按钮，你要养成使用这个按钮的习惯。裁剪时，不持轮刀的手要放到尺子上，远离轮刀的路径。

重要提示！

讲求技艺是重要的，但是也别忘了，拼布过程应该是有趣和放松的。不要拒绝尝试新事物。拼布经验多了之后，你自然会形成自己的风格，摸索出自己的方法。

注意

这些说明都是针对使用右手的朋友写的，这些图片呈现的也都是右手操作。如果你是惯用左手的人，就得稍作调整，比如把轮刀刀片安到轮刀的另一侧。

除非特别指出，否则尺子总是与布纹平行的。用左手将尺子定牢，手指保持在尺面上，远离轮刀的路径。

将刀片对齐尺子的右边缘，用均衡的力沿尺子边缘裁剪，裁剪布料时干脆利落。注意，手指远离刀片。

要定期更换刀片。钝了或有裂口的刀片很难保证精确裁剪，甚至会在布料上留下难看的小拉线。如果无法一次裁断，这说明该换刀片了。

一般先沿着布料的幅宽方向或布长方向裁出布条。大多数情况下，这些布条会被进一步裁剪成更小的布片。

沿着幅宽方向裁剪（即与布边垂直的方向）要相对容易，也是现在常用的做法。沿着布长方向裁剪（即与布边平行的方向）是用来制作较长的肩条或边缘布条或里布布片的。

沿幅宽方向裁剪

1. 将布料布边与布边重叠，对折放置在切割垫板上，对折中缝靠近自己。

2. 在布面上放置 6×24 英寸的尺子。将尺子的水平线与中缝对齐，尺子靠近布料右边的切边。

3. 沿着尺子的右边缘裁下一小条布，形成垂直于中缝的直边。这个过程是使布料变得方正。

4. 走到桌子的对面（如果做不到，就小心地将切割垫板转过去）。此时你刚刚裁出的直边在布料的左边，而对折中缝在你的对面。

5. 用尺子量出你想裁剪的布条宽度，裁剪。如需继续裁剪，从布料左边向右边移动继续完成裁剪。

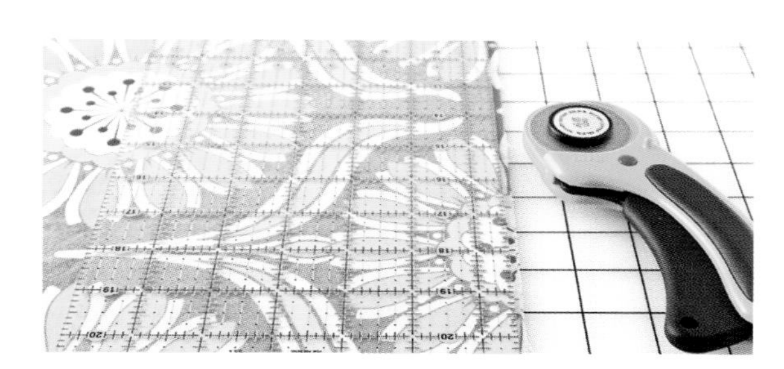

沿布长方向裁剪

因为布料幅宽一般是 42~44 英寸，需要的布条长度大于幅宽时，就得沿布长方向进行裁剪（与布边平行的方向）。要裁剪得精确，首先要重新折叠布料，以免切割垫板太小，不方便操作。

折叠布料的方法是，将两个切边重叠，对折布料，有时需要再对折一次或两次，以便布料容易放到切割垫板上，每次折叠都以一个布边为准将布料整理平整。

有时候不得不让布料的一端悬垂在桌子一端。注意悬垂的重量不要太大，以免布料对折不整齐，裁出来的布条会歪斜。你可以用一本书或其他比较重的东西压住折好的布料，注意布料要远离切割工具。

裁掉布边，形成一个平直的边缘，使布料方正，裁剪布片时就沿这个直边裁。沿幅宽方向裁剪只需裁两层布，而沿布长方向裁剪要裁的布层更多，需要非常小心操作，必要的情况下，你要重新将布料边缘整理平齐。

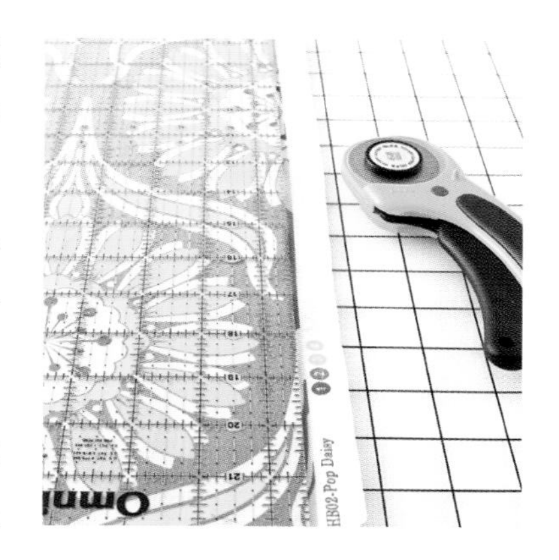

如果尺子不够宽?

要裁剪较大的布片，只用 6×24 英寸的尺子就不够了。这时，可以利用 12.5 英寸的正方形尺子来增加宽度。始终保持 6×24 英寸的尺子在正方形尺的右边缘，然后沿着窄尺的 24 英寸边缘裁剪。

取图裁剪法

取图裁剪法是为了要以印花的某一部分为中心，或者突出这一个部分而专取布料的某一部分进行裁剪的方法。

切一块半透明的塑料模板（在多数拼布或手工店就可以买到），大小与你需要的布片大小相同，然后把它放在布面上移动取图。不过要记得，缝的时候，布片每一边都有 $^{1}/_{4}$ 英寸缝份。

用水消笔沿着模板四周画线，然后用剪刀或尺子加轮刀，沿标记线裁下需要的布片。

因为取图裁剪法只取布料中的某些部分，所以比普通裁剪更费布料。如果你要用这种裁剪法，我建议购买两倍的布料。

拼缝要点

本书的图案体现了我对轮廓鲜明的边线和清楚精确的拼接的偏爱。要出这样的效果，就要记住，每个步骤都马虎不得。缝份是否精确、烫开缝份的方式，以及布块裁剪得是否方正，这些都会影响到能不能做出书中的效果。

不过，你当然可以更放松一些。如果你喜欢不规则的效果，你就不需要太在意缝份是否对齐，按自己的方式做吧！不过要记得，那样的话，你做出的区块大小可能会跟我的不太一样，所以我建议，做出所有区块后，再来裁剪肩条布片。

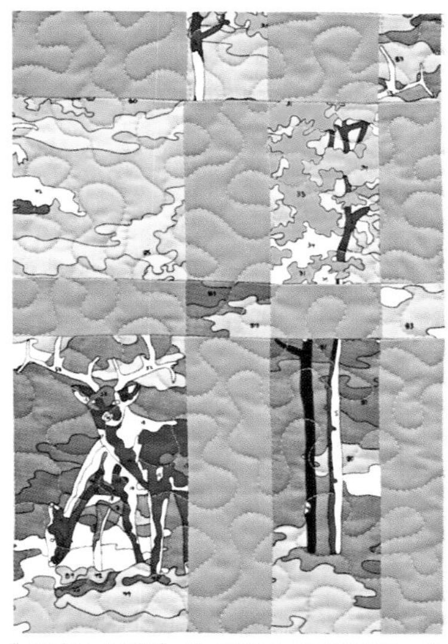

《巧克力蛋糕》的细节（完整拼布，参见第 62 页）

缝份

你有没有遇到过这种情况，虽然都按照拼布图案的要求去做，做好的区块却要么更大要么更小。这很有可能是你的缝份太宽或太窄的缘故。

学会缝制精确的缝份是拼布拼接成功的关键一步。大多数拼布图案，包括本书的图案，都要求 1/4 英寸的缝份。很多的拼布人用压脚的边缘作为参考，但是你要记得，压脚的大小各有不同，你的压脚不一定就是 1/4 英寸宽。

在开始拼接之前，找一些碎布练习一下缝份的缝制。将两个 2×2 英寸的方块缝合，烫开缝份，然后量一下拼好的布块。如果你的缝份刚好是 1/4 英寸的话，拼好的布块应该刚好是 2×3.5 英寸。如果你不擅长使用普通压脚，可以换成标记 1/4 英寸缝份的压脚，这是一种专用压脚，旁边有标示线。又或者，你可以用尺子量好，用蓝色纸胶带在针板上贴出一条标示线来。不断摸索，慢慢找到最适合自己的方法。

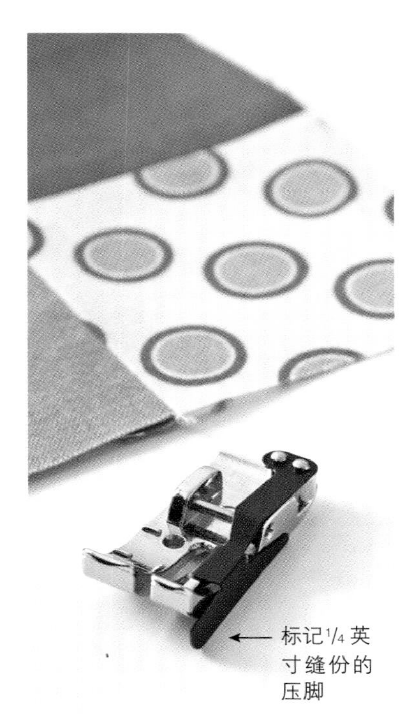

标记 1/4 英寸缝份的压脚

针脚质量

拼布的拼接缝合，用小到中等针脚。我的机器一般设成 2~3，这样大概就是每英寸有 12 个针脚。开始缝制前，先在碎布上试一下机器的针脚，然后根据需要调整。

一般说来，当你看到拼布表布显得褶皱，梭心线都被拉直了，这表示线太紧了。如果表布的线和梭心线起圈，则表示线太松。在调整线的松紧时，建议仔细参照缝纫机的使用说明。

等等，先别忙着调整线的松紧……

如果针脚走得不好，我首先会**换针**。虽然没用很久，我也会换掉（有时候，甚至全新的针也可能走不好针脚）。针是很勤劳的，要干很多活儿，即使最细小的裂口也会影响它的表现。

其次，就是**检查线**。用质量好的线太重要了。换用质量好的线，针脚质量会明显提高。

最后要检查的是**线轴**，这也是很重要的。将梭匣取出，看看里边有没有线头缠绕。确定线轴绕线正确，然后再放回梭匣。

别针固定

不管缝什么，缝之前我几乎都会用别针固定，两边缝份都用别针将各层固定起来。如果缝份之间有较大空间，我也会用一两个别针固定。

缝制时，最好放一个针垫在旁边，边缝边把别针取下来。别别针的过程也许比较乏味，但是对于精确的缝纫却功劳巨大。

小贴士

在将纯色布料（比如肩条）和拼好的区块缝合时，拼好的区块要放在上面，以便随时注意缝份，免得它们被缝纫机的送布牙拉歪了。

链状拼接

链状拼接就好比一条小型的流水线，是一种省时又省线的拼接方法。将一对一对类似的布片，连续拼接，中间不需要停下来，完成后再剪线和熨平缝份。

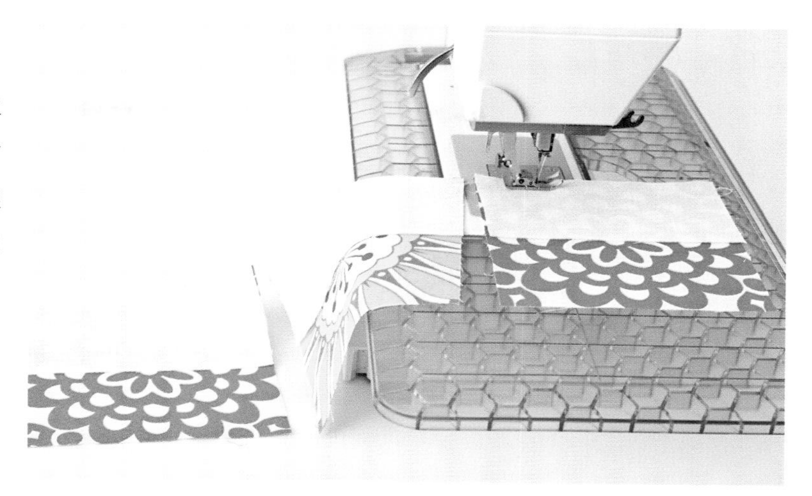

熨平缝份

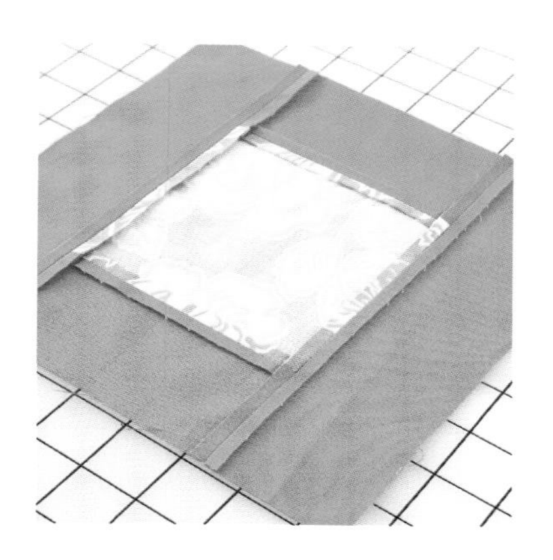

我选择向两边烫平缝份。很多人选择缝份倒向一边，这样会少花些功夫，但我觉得多花点力气还是值得的。向两边烫平缝份的话，区块更加精确、平整，也更便于整块绗缝。缝份的均匀分布使得被子折旧也更均匀。

拼布正面朝下放在熨衣板上，用食指将缝份分开，接着用熨斗尖烫平缝份，然后再用整个熨斗加蒸汽熨烫一遍。再将拼布翻转，轻轻熨烫正面。

对于长的缝份，我通常先将拼布正面朝上，把缝份压向一边倒，然后再整个翻转，烫开缝份。

有些人认为，烫开缝份会让拼布结构不结实。我倒不觉得。只要针脚走得好，好的材料，即使烫开缝份，你的拼布作品也仍然是结实牢靠的。

大多数人喜欢缝份一边倒，因为这样做比较简单。如果你也是这个做法的拥护者，我恐怕无法使你改变主意，我只是想鼓励你也试试烫开缝份，因为我觉得本书中的拼布作品（一般来说所有现代拼布）用烫开缝份的方法是最合适的。

专门的拼接技术

本书的设计方案涉及了传统到现代的不同拼接技术，比如《黑白照》（第 51 页）使用的条状拼接，《天文馆》（第 82 页）中的等腰直角三角形，《太阳黑子》（第 96 页）的不规则小木屋等等。我希望你从每一个设计方案中都能学会一种新的、不同的或者有趣的技巧。

拼布三明治

由于这一步需要一定的空间，平常做针线活儿的地方往往不够用，得转移到家中另一个地方。尽管我有一个缝纫室，可是通常还是要搬动一些家具，挪一些东西到另一个房间，还得赶走好奇的猫。不过，这些付出都是值得的。花时间做好拼布三明治，下一步机器绗缝就会顺利得多了！

1. 先把铺棉平铺到干净光滑的地板上。把表布在铺棉上展开，抚平褶皱。（你可能要爬到表布上做这一步。）修剪铺棉，使得表布在铺棉里大约 2 英寸的地方。（见 A）

2. 从顶端开始，小心翼翼地将铺棉层和表布卷起来。（见 B）

3. 继续卷，直到铺棉完全卷起后放到一边，切边朝下。铺棉卷不需要用别针别住。因为大多数铺棉会自然而然贴紧布料，不需要外力。

4. 接下来把里布铺到地板上，正面朝下。用纸胶带将里布底部边缘固定到地板上。走到另一头，将里布朝自己的方向拉直，用纸胶带固定好顶部边缘中间部分。接着，左边、右边以及四个角落都用同样方法固定住，每一次的拉动要非常轻柔，不要过分拉伸，确保里布完全平整。

5. 把铺棉卷拿出来，从里布的底部边缘开始，慢慢在固定的里布上展开铺棉和表布。你要在每一边预留几英寸的余地，而且要确认 :（a）表布的所有部分都在里布的边缘内，（b）表布区块横排与里布两侧边缘垂直。（见 D）

A. 把表布在铺棉上展开，抚平褶皱。

B. 将铺棉层和表布卷成一卷。

C. 将里布边缘固定到地板。

小贴士

要使拼布各层组合平整，这是你唯一一次机会。如果发现没有对准，一定要重新卷铺棉，从头开始！

6．再一次抚平表布和铺棉。我常常从底部开始，然后爬到中间，从下往上抚平布料。要小心不要弄歪布料。如果发现区块变得不规则，你要停一下，重新把它整回规则的格子形状。

7．从中间部分开始，用安全别针把所有拼布层（表布、铺棉层、里布）固定在一起。我建议按格子放置别针，每隔 6 英寸别一个。你当然可以用更多的别针，不过别上去的别针毕竟还要取下来，所以别太多会耽误拼布进程。（见 E）

小贴士

别别针一开始会有点棘手，但是练习之后，慢慢就有感觉了。别针自己会往里扎，你只需辅助它轻轻穿过各层，触到地板就停，用力过猛会把拼布层扯得歪斜，还会刮花地板。如果你觉得别针打开锁上太麻烦，你可以备上镊子或尖嘴钳，它们会帮到你。

8．完成别别针的步骤之后，就可以将胶带撕去，将里布布料修剪成铺棉的尺寸。

做拼布三明治时要小心谨慎。不过，如果平整布料和别别针的步骤你都做得很仔细，你做出的拼布三明治背面应该和正面一样平整。

D. 在固定的里布上展开铺棉和表布。

E. 别针插入所有的拼布层

机器绗缝基本要点

绗缝会增加成品的质感和美感，同时，也正是绗缝使得拼布作品结实。

如果你还是紧张，不敢下手，那也不要紧，因为有专门提供这一服务的，或者找一下当地的拼布商店，他们经常也会代人绗缝。这样，你就不用担心一不小心破坏掉美丽的表布了。

如果你想在家缝，但又不会用机器，也可以选择手工绗缝，可参考亚历山大·安德森（Alex Anderson）的《手工绗缝》(*Hand Quilting*，C&T 出版社)。

当然，我还是建议在家学习一下机器绗缝！本书的设计方案都是普通家用缝纫机就能做的，只需最基本的两种技巧：使用送布压脚的直线绗缝，以及使用织补压脚的自由绗缝。

这两种技巧都很容易学会，但是一开始先不要期待十全十美。拿上拆线器，再拿上喜欢的饮料，放上最爱的音乐，然后以轻松愉快的态度开始绗缝。练习得多了，作品就会越来越精致。而且你要记住，你是盯着绗缝针迹几个小时的，在你眼中明显的不完美，对于接受这件作品的人来说，可能根本注意不到。

小贴士

将工作台顶着墙壁放置可以减少绗缝过程中拼布三明治的垂落。你的身体可以挡住那些要垂落到桌子下的部分。

开始绗缝

不论你打算用哪种绗缝方法，都要先把缝纫机放到一张坚固的桌子上，桌子要干净，上边没有多余的障碍。绗缝过程中，要能随时移动拼布三明治，关键一点是把拼布所有部分一直置于桌上。要达到这个目的，你要略微卷一下或折一下拼布三明治的边缘，然后每次缝一小块面积，缝完这一小块，再把折叠起来的部分展开一点，继续绗缝。

小贴士

在绗缝过程中，随手放一个小盘子或罐子，用来收集你从拼布三明治上移除下来的安全别针。

我一般是从拼布的一个角落开始绗缝，然后再前前后后继续绗缝，直到整个表布绗缝完毕。有些人会从中间部分开始，然后向外绗缝开去。只要你的拼布三明治做得足够结实，采用哪一种方法绗缝都是可以的。

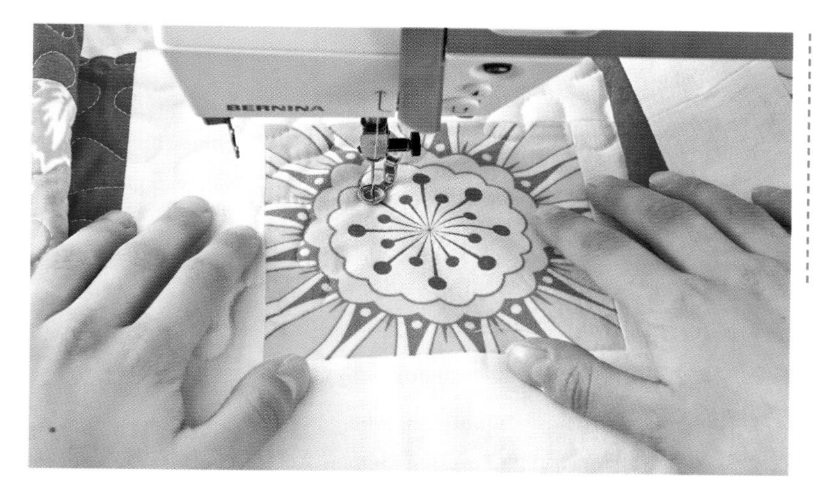

小贴士

先练习！用剩下的铺棉和碎布制作一个迷你拼布三明治，先在上面练习你打算用的绗缝方法。

送布压脚

缝纫机的送布牙就像小小的牙齿，在布料底部不停上下咬合，拉着布料通过机器。如果你只是缝纫一两个片布，问题不大，但是要绗缝的话，你的机器还需要加一点设备，这时就要用送布压脚。送布压脚会在布料顶部增加一套送布牙，上下都有送布牙，机器绗缝就会更轻松。

加送布压脚时，要参照厂家的说明书。使用前，先在碎布做的迷你拼布三明治上练手。

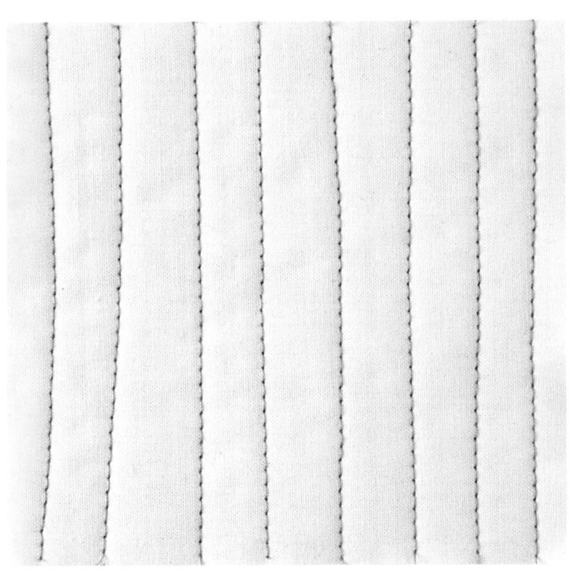

平行线

格子

使用送布压脚的缝法

平行线

从拼布的一边绗缝到另一边，两条线间隔大概 1/2 英寸。不需要追求每条线都是严格的直线或精确的间隔，因为这些细微的区别正是手工拼布的魅力所在。

格子

用裁缝用粉笔或水消笔在表布上画出格子图案，然后根据标记绗缝。

任意线

想要即兴效果的朋友可以在表布上缝各种随意的线。若要保证线是直线，可以用纸胶带在表布上贴出导缝线。

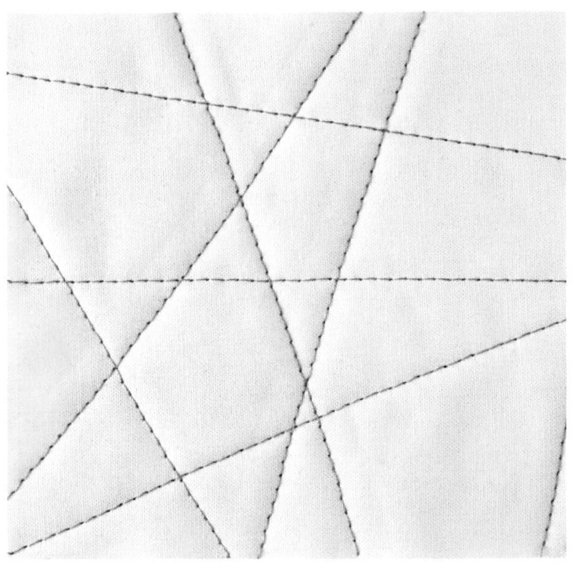

任意线

不要沿着接缝压线

沿着接缝压线，做出来的效果就像厚羽毛被子一样，对于曾经风行的蓬松的聚酯棉被是不错的，但是确实不符合现代审美。

沿着接缝压线还会掩盖拼布的亮点——绗缝！如果你希望有一种能够突出布块形状的风格，可以尝试轮廓绗缝。不要直接在缝份上走线，而是以接缝线作为送布压脚的导线，在接缝两边各 1/4 英寸处下针。

自由绗缝

缝纫机的固定设置就像自动控制仪：送布牙往前送布，机器按固定大小的针脚走出直线。如果你把送布牙调低或盖住，将针脚长度设置为零，你就等于脱离了自动控制仪。这样你就可以自由绗缝，针脚长度和形状都由你手的移动决定。这就是自由绗缝的精髓。你不需要被限制在直线绗缝上，你可以"自由自在"地绗缝出环形、旋转形、圆形、星形——想到什么，缝什么。

小贴士
自由绗缝需要很多线。多买一些线轴，动工之前先绕好备用线轴。

调好缝纫机

参照缝纫机的使用说明，弄清楚自由绗缝的设置信息。大多数缝纫机需要你：

- 为缝纫机装上织补压脚或自由绗缝压脚
- 将针脚长度设为零
- 调低或盖住缝纫机的送布牙

开始绗缝

1. 将拼布三明治置于针板上，用手旋动机针调出底线，底线穿过拼布三明治。放下压脚，缝几针固定打结。

2. 开始移动拼布三明治，从你开始处的 1 英寸左右的地方开始按你选定的方式绗缝。暂停，确认针落在下面的位置，剪去松线避免缠绕。每次线用完时都要重复这个过程，一定要把底线调出来，剪掉线头。

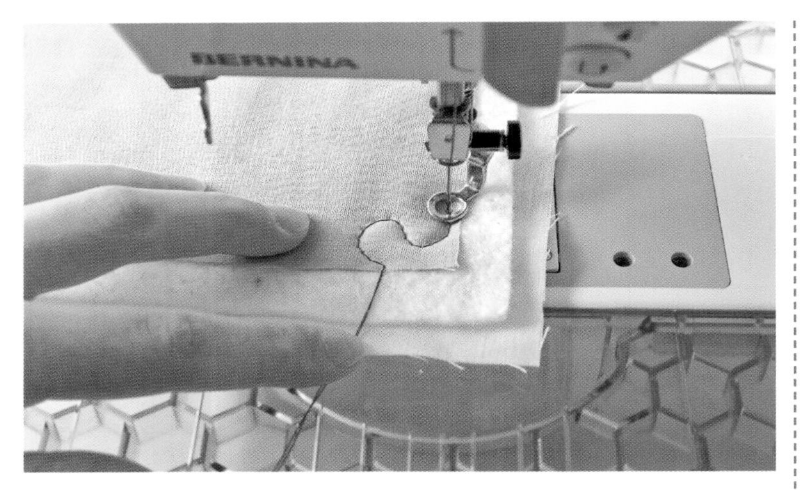

3. 继续绗缝，用手的移动引导针脚方向，缝出自己想要的图案，遇到安全别针就把它们取下来。

我发现，要使针脚走得顺，最好的方式就是紧紧抓住拼布三明治的两边。有些人喜欢戴上橡胶手套，可以是洗碗手套或者拼布专用手套，然后用指尖引导拼布三明治。你可以试验一下不同的方法，看哪一种有利于你的操作。

绗缝的时候，你会发现，你的手不只控制针脚形状，还控制针脚长度。如果移动得太慢，针脚会短而紧；如果移动太快，又会显得长而且松。

通过练习，慢慢你就能感觉到，怎样在踩踏板的力和移动拼布三明治的速度上取得平衡。你会发现，是快一点效果好，还是慢一点效果好。这个只能靠你不断摸索感觉，找到最适合的节奏。

小贴士

将针和线想象成笔，将拼布三明治想象成纸。不同的只是，在自由绗缝时，笔固定在一个地方，反而是纸在笔下移动。如果你没有把握，可以用上真正的笔和纸，然后试着用这种移动方式，勾画出你想要的拼布图案。尽管过程有点困难，但会有助于你练习绗缝时的手脑配合。

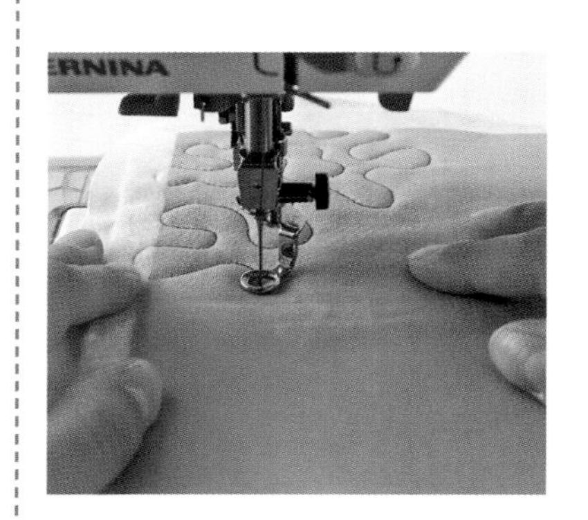

小贴士

线的松紧问题，表布上有时看不出来。你可以定时检查里布，看看两面的针脚是否同样过关。

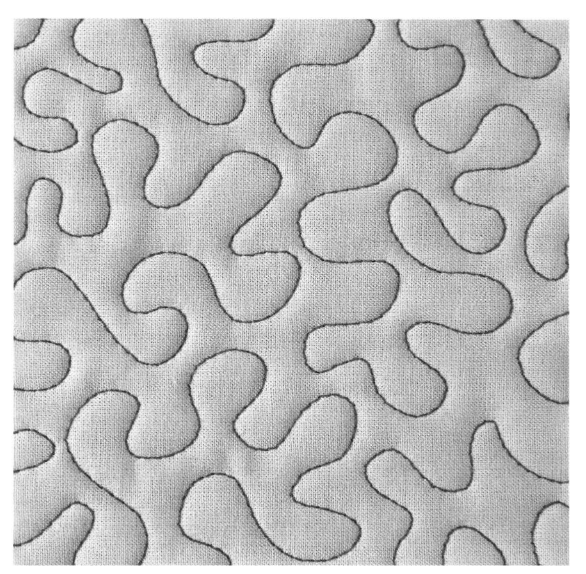

曲线针迹

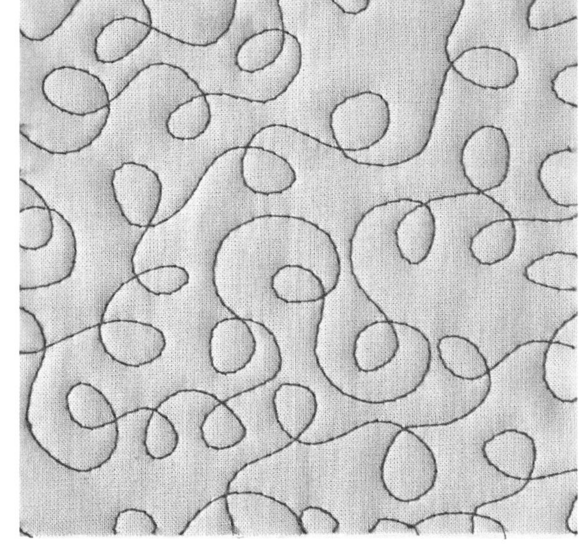

圈形针迹

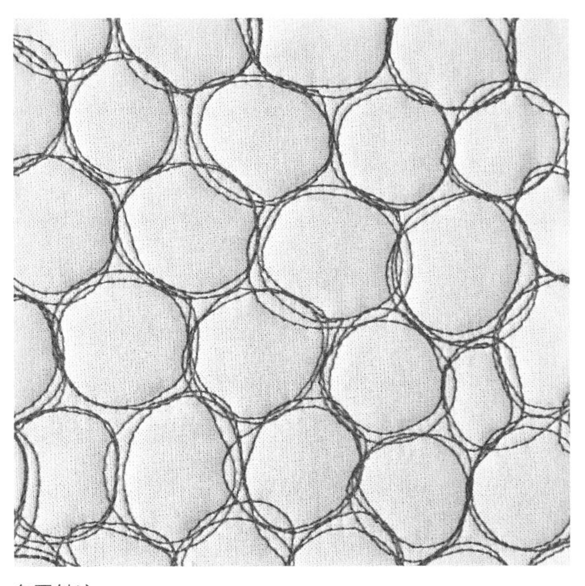

多圈针迹

自由绗缝小创意

曲线针迹

曲线针迹的针脚不交叉。有些曲线的针迹相隔从不超过 1/2 英寸，我们把这种缝法称之为点刻法。

圈形针迹

如果一条曲线隔一段打一个圈，我们就称之为圈形缝法。

多圈针迹

形成圆圈的针迹继续绕圈两到三次，然后才移向另一个圈，最后表面都是这样的多圈图案，这种缝法就做多圈缝法。

制作与缝纫滚边

滚边就像拼布的框架，这是增色和展示布料的最后一道工序。

本书的所有拼布作品都采用直线纹理的滚边，也就是说滚边条是沿布纹裁剪，而不是斜裁布。这种方法比斜纹滚边简单，布料用量也少。

简易双折滚边

这里介绍我最喜欢的滚边方法，需要先用机缝，再手工缝。

1．将多条滚边布条接缝好，用 1/4 英寸的缝份，并烫开缝份。将反面朝里对折，然后将整条滚边烫平。

2．将拼布各边修剪整齐。从某一边缘的中间部分开始，将滚边的毛边与拼布的边缘重叠，别上别针。到了转角处，将滚边向上折 45 度角。（见 B）

A. 将多条滚边布条接缝好。

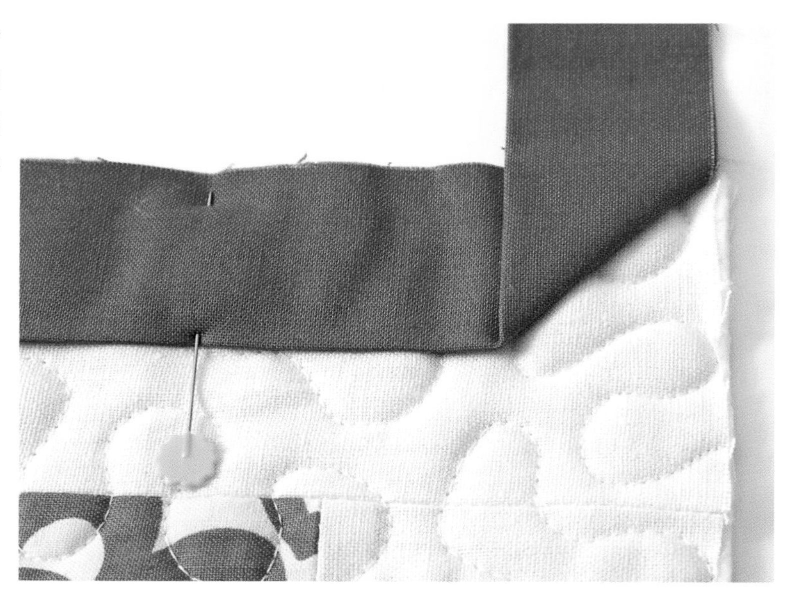

B. 将滚边的毛边与拼布的边缘重叠，别上别针。到了转角处，将滚边向上折 45 度角。

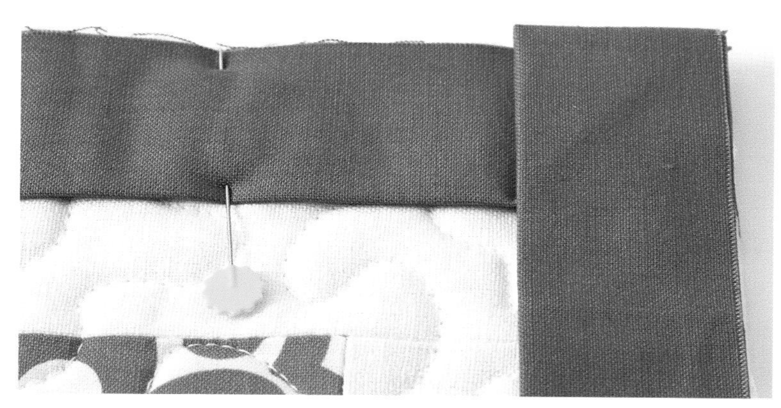

C. 将滚边折回拼布的方向。

D. 将斜接角往下折，然后用别针固定。

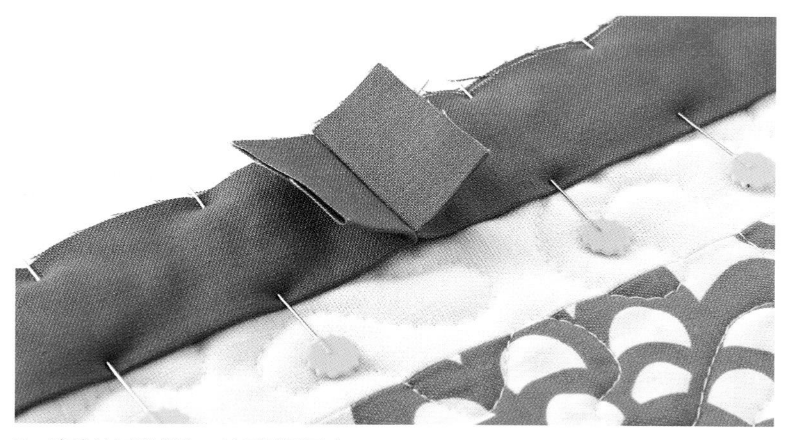

E. 滚边的两端相连，然后熨平固定。

3. 将滚边折回拼布的方向，形成一个 45 度斜接角。（见 C）

4. 将斜接角往下折，然后用别针固定。（见 D）

5. 继续别别针，在每个转角处重复步骤 2~4，直到回到起点处。滚边的两端相连，每一端都朝原来的方向对折，然后熨平固定。（见 E）

6．修剪掉多余的滚边，利用刚刚熨平的折痕，将滚边末端缝合。烫开缝份，用别针把滚边固定住。你现在应该可以看到连续的滚边，一路用别针固定在拼布三明治的边缘上。（见 F）

7．将滚边缝到拼布上，用 1/4 英寸的缝份。到转角时，一直缝到斜接线，但不要超过这条线，然后停下来剪线。（见 G）

8．将斜接角折回。从转角处开始，继续缝合滚边，碰到转角就重复步骤 7，直到回到起点。（见 H）

9．把滚边折到里布那一边。之前熨平的滚边折痕，以及斜接角，会使这一步很容易做到。用别针或滚边夹将滚边的一部分固定住。

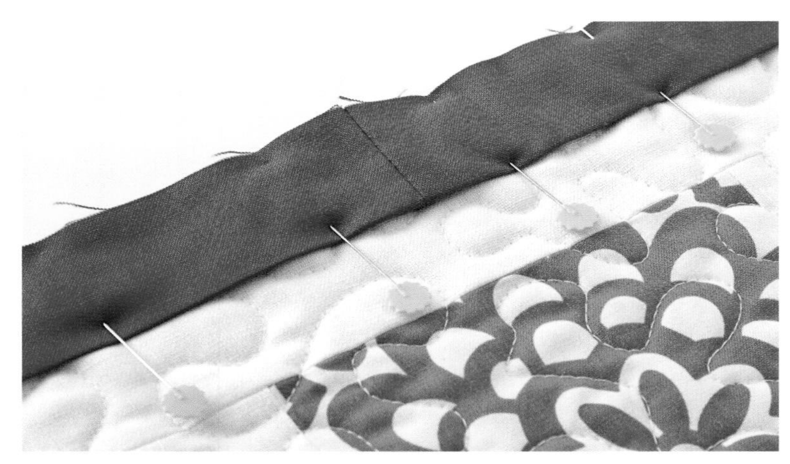

F. 将滚边末端缝合，烫开缝份，把滚边用别针固定。

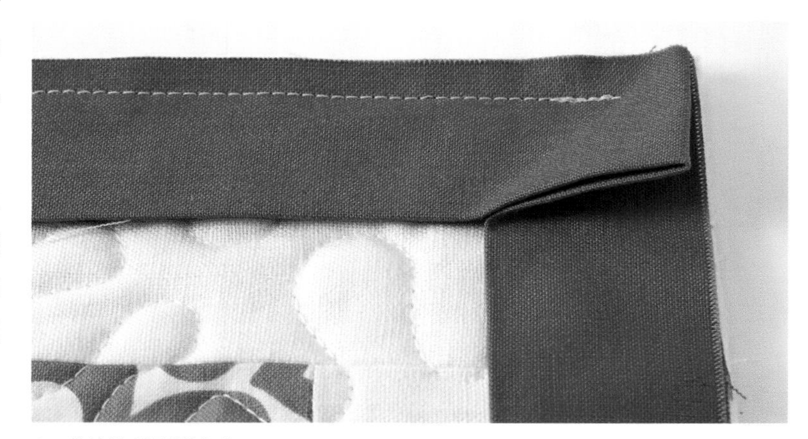

G. 将滚边缝到拼布上。

H. 将斜接角折回，继续缝合。

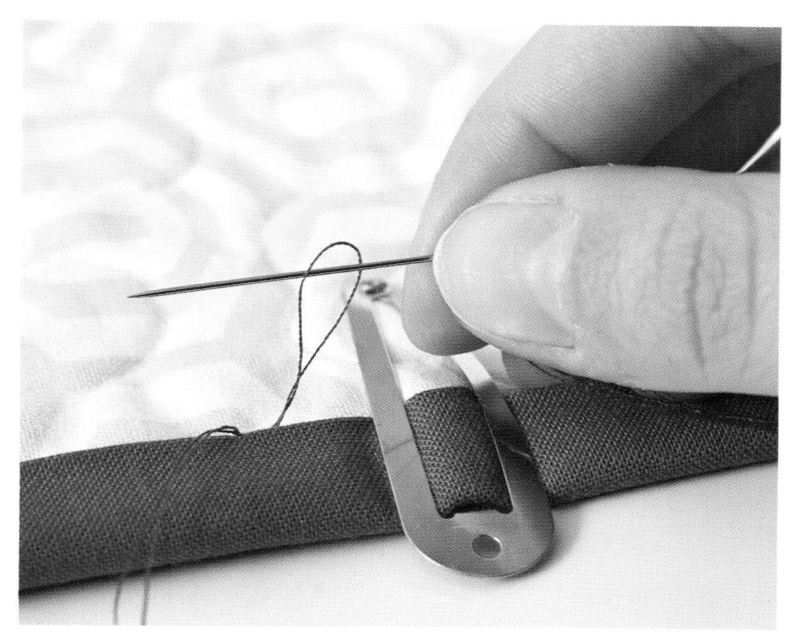

I. 不打结手缝起针。

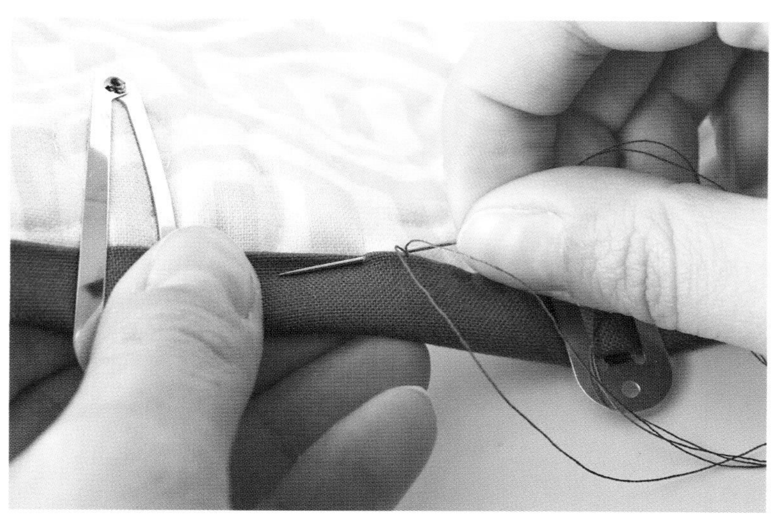

J. 手缝固定滚边。

小贴士

手缝之前没有必要将每一边的滚边都用别针或夹子固定。相反，你只需要用别针或夹子先固定大概 2~4 英寸长的部分，等缝完一段之后，再继续固定下一段。这样可以避免别针夹子不被衣服或家具绊住。

10. 不打结手缝起针的方法是，先将一段缝线对折，用折了的那头穿过针，拉穿过针眼的线圈，使线的两个末端接近针眼，而线圈在远离针眼那一端。运针穿过里布和铺棉，再往上挑缝穿过滚边边缘，拉线，直到线圈还有一小段在外面时，运针穿过线圈，拉紧，线就系牢了。

11. 手缝固定滚边，运针穿过里布和铺棉，向上挑缝穿过滚边边缘，如此继续缝合，每一个针脚大概相隔 1/4 英寸。(见 J)

12．到转角处时，继续缝到拼布的边缘，然后将斜接角折回，继续缝下一边。（见 K）

13．继续缝合，直到整个滚边都完成。这个过程可能会对你的指尖和指甲造成一些损伤，如果你比较在意，可以考虑戴上顶针。

小贴士

完成后的作品要仔细打理。棉和亚麻做成的拼布作品一般可以机洗和烘干。我建议用冷水洗涤，调到轻柔洗涤模式，用柔和的洗涤剂，最后低温滚筒干燥。

K. 缝到拼布的边缘，然后将斜接角折回

L. 完成后的滚边

本书拼布方案简要说明

我按难易程度将本书拼布方案分成了三个部分。

如果你是新手，我建议你先尝试“新手教程”中较为简单的作品（第 45 页）。

不过，如果你更喜欢复杂一些的作品，你完全可以从复杂的作品学起。

不论你准备从哪一部分开始，动工之前都要先通读制作指导。如果不是很有把握，可以先试着用碎布做一两个区块试试，这样可以事半功倍。

在每个设计方案最后，都附带了其他效果和更多布料选择，使设计方案更灵活，让你方便展现自己的个性。

编按：关于长度单位的小说明

本书采用英制单位。对于拼布人来说，英制单位和国际单位使用得同样广泛。所以，你可以：

1．选择英制单位拼布尺

2．换算成国际单位，尺寸若有调整，参见第 19 页“调整拼布尺寸”

更可能的是，完全掌握技法之后，你会设计自己喜欢的尺寸，那时可根据自己的习惯选择长度单位。

新手教程

《黑白照》，伊丽莎白·哈特曼（见第 51 页）

拼布区块

小围栏

区块尺寸：12×12 英寸

拼布尺寸：76×76 英寸

由伊丽莎白·哈特曼制作与机绗。

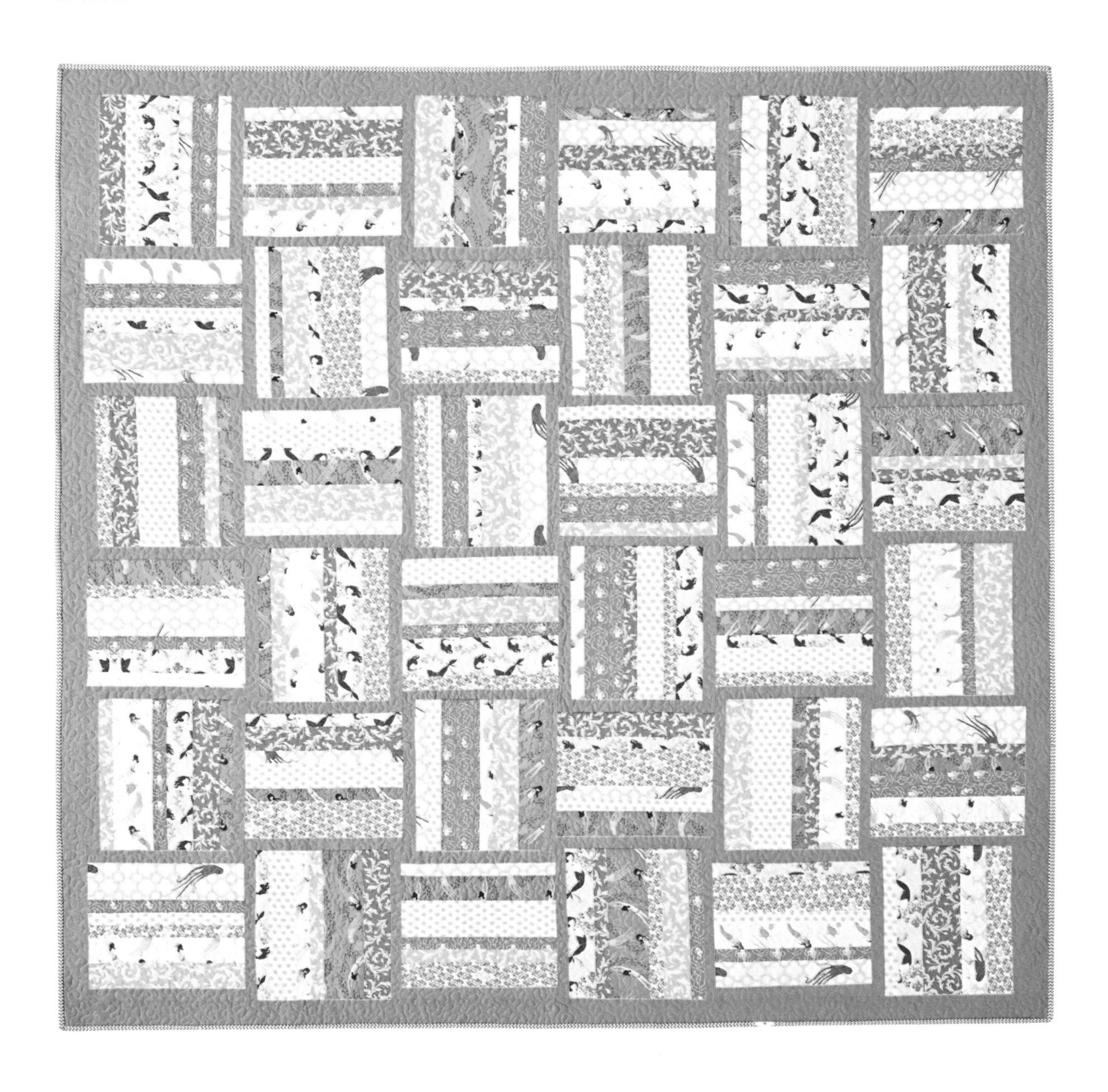

小围栏是传统拼布区块中最基本的一种。一个小围栏区块通常是由3~4条同样大小的布条缝合成一个方块。表布使用这些区块的时候，区块与区块之间相互成90度，形成一种曲折图案，就好像是一条真正的小围栏圈绕了整个表布。

在现代品味之下，这一传统区块略有变化，使用印花布的条数更多，而且每个布条宽度不一。区块靠外的2个布条用对比色纯色布料制作，这样的话，每个区块旋转90度，就会形成一种效果，就像印花布条被纯色边条“围起来”一样。

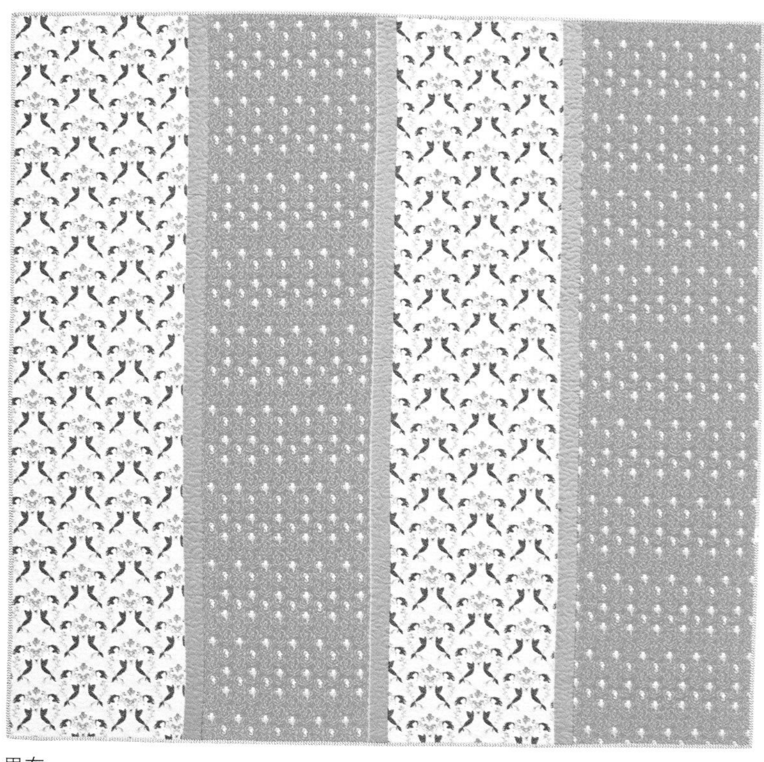

里布

小贴士

这个作品需要既沿着布长方向裁剪，也需要沿幅宽方向裁剪。关于裁剪方法，可参照第27页。

材料

幅宽至少40英寸。如果用小印花、中等印花和大印花的布料互相搭配，这个作品的效果会非常出色。

区块：9种不同的印花布*，各3/4码

肩条、边缘布条，以及里布：对比纯色布，2 7/8码

里布：大印花和小印花布，各2 1/2码

滚边：3/4码

铺棉：80×80英寸

整理卡片：36张（见第17页）

* 更多布料选择及裁剪说明，见第50页。

裁剪说明

用于区块的印花布：

9 种印花布，每种分别裁成：

- 2 个 12.5 英寸 × 幅宽的布条

  其中 1 条，继续裁成 4 个 3.5×12.5 英寸的布条，以及 8 个 2.5×12.5 英寸的布条。

  另 1 条，继续裁成 12 个 1.5×12.5 英寸的布条。

现在你手头的布条数量如下，可以准备做拼布的区块了：

- 36 个 3.5×12.5 英寸的布条
- 72 个 2.5×12.5 英寸的布条
- 108 个 1.5×12.5 英寸的布条

对比纯色布：

用于肩条：

- 1 个 12.5 英寸 × 幅宽的布条

  继续裁成 24 个 1.5×12.5 英寸的布条。

- 1 个 12.5 英寸 × 布长的布条

  继续裁成 48 个 1.5×12.5 英寸的布条。

所以，你手头总共有 72 个 1.5×12.5 英寸的肩条布条。

用于边缘和里布，从剩下的布料裁出：

- 7 个 2.5 英寸 × 布长的布条

  将其中 4 个布条修剪成 78 英寸长，用作拼布边缘，另外的 3 个布条用于里布。

里布布料：

每个 2.5 码的布条，裁成：

- 1 个 17.5 英寸 × 布长的布条
- 1 个 22.5 英寸 × 布长的布条

滚边布料：

- 裁出 8 个 2.5 英寸 × 幅宽的布条。

制作区块

如无特别说明，所有缝份都是 1/4 英寸，并向两边烫开。

1. 将整理卡片放在桌面、床上或其他宽阔的地方。每张卡片对应 1 个拼布区块，将裁剪好的布片分配到整理卡片上，并在卡片上做好记录：1 个 3.5 英寸宽的布条，2 个 2.5 英寸宽的布条，和 3 个 1.5 英寸宽的布条，另加 2 个肩条布条。

2. 每次先完成 1 个区块，将 6 个布条缝合成 3 对，然后再进一步拼接成 1 个 10.5 英寸宽的拼接单位。不同的区块对于宽度不一的布条会有不一样的组合。

小贴士

先不用考虑哪个区块应该安排在拼布的什么位置，或者布条将按什么顺序缝合。你只需要集中精力，让颜色和图案分布匀称。

3. 两边各缝 1 个肩条布条，做成 1 个 12.5 英寸宽的正方形区块。用同样的方法完成所有 36 个区块。

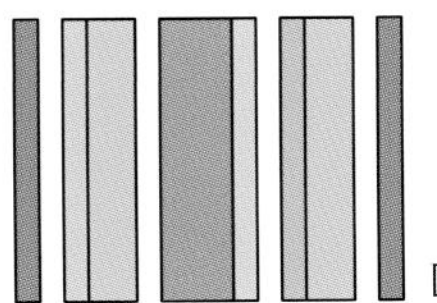
区块布条组合图表。制作 36 个区块。

制作表布

1. 根据表布组合图表，将已完成的 36 个区块缝合成 6 横排，每排 6 个区块，区块与区块之间相互成 90 度。然后将 6 个横排缝合。

2. 在顶部和底部边缘各缝合一个边缘布条。修剪掉多余的边缘布料，使四个角方正。

3. 左右两边也缝上边缘布条，整个表布就完成了。将角落多余的长度修剪掉，形成一个 76.5×76.5 英寸的正方形表布。

表布组合图表

制作里布

根据里布组合图表将所有里布布条缝合。将边缘修剪平齐。

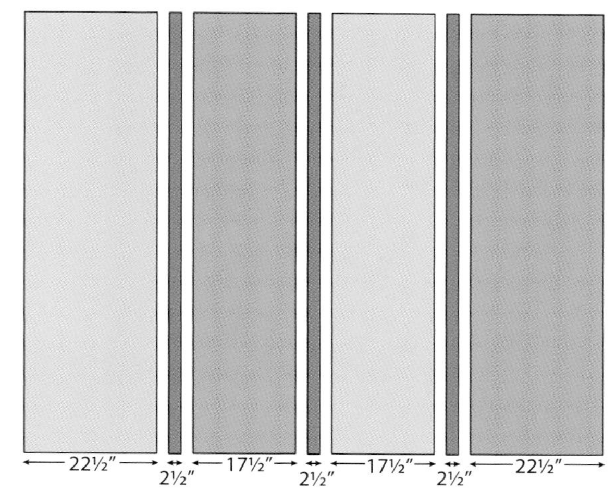

里布组合图表

小贴士

里布的缝份长，所以缝份是否准确，对于拼布的平整与否，乃至拼布三明治的过程是否容易都有很大影响。不要吝于用别针，慢慢处理这些缝份，保证缝份精确，针脚大小和松紧均匀。

完成拼布

根据拼布制作步骤（第 25~44 页），做拼布三明治，并完成绗缝和滚边。

其他效果

凌乱风格

这个设计可以把以前用剩下的瘦长布条都用上。你需要 36 个 3.5×12.5 英寸的布条、72 个 2.5×12.5 英寸的布条，以及 108 个 11.5×12.5 英寸的布条。将这些零碎布条分配到 36 个整理卡片上，接下来的步骤一仍其旧。

随意风格

如果你觉得裁剪不同宽度的布条太麻烦，你也可以随意裁剪和拼接布条，然后将它们修剪成 10.5×12.5 英寸的区块，再根据图案风格要求，加 2 个 1.5 英寸宽的中性色肩条布条。上图中，我用中性色的肩条，而区块中间用了两条亮色纯色窄布条。

更多布料选择

下面是拼布区块印花布料的替代选择方案：

选择 1：18 种不同布料，各 ½ 码

- 从每种布料裁出 1 个 12.5 英寸 × 幅宽的布条。

  每个布条继续裁成：

  2 个 3.5×12.5 英寸的布条

  4 个 2.5×12.5 英寸的布条

  6 个 1.5×12.5 英寸的布条

选择 2：36 种不同的布料，各取 1 个四开裁（¼ 码）

- 从每个四开裁的布块裁出 1 个 12.5 英寸 × 幅宽的布条。

  每个布条继续裁成：

  1 个 3.5×12.5 英寸的布条

  2 个 2.5×12.5 英寸的布条

  3 个 1.5×12.5 英寸的布条

黑白照

区块尺寸：12×12 英寸

拼布尺寸：48×60 英寸

由伊丽莎白·哈特曼制作与机绗。

拼布区块

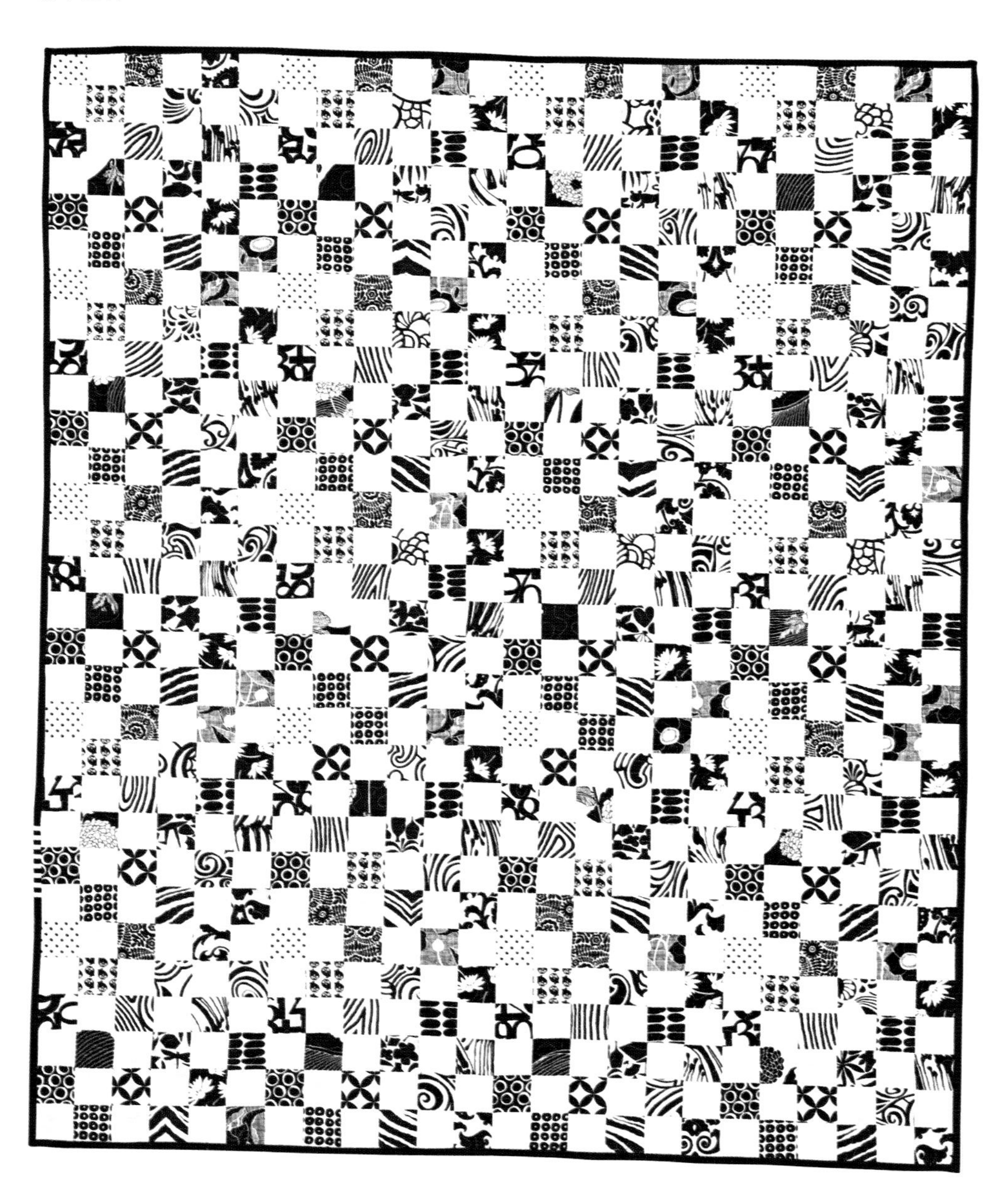

表布的 2 英寸方块就像小黑白照片组成的海洋。要拼接这么多小方块，看上去简直太麻烦了！别急，我们可以用 “**条状拼接法**”（strip piecing），这样就可以很快了。

条状拼接法，也称快速拼接法，不需要单独裁剪出所有方块，而是将长布条缝合在一起，然后将它们切割成已经缝好的方块横排。很简单！

用白色布料做间隔，使整体看起来干净利落，再用上另一种纯色布料，为里布增加一抹色彩。

材料

如无特别说明，幅宽至少 40 英寸。

区块：18 种不同的印花布*，各 1/4 码

区块：白色布料（或另一中性色纯色布料），2 3/4 码

里布：对比色纯色布料，2 码，幅宽至少 42 英寸

滚边：1/2 码

铺棉：52×64 英寸

* 更多布料选择及裁剪说明，见第 55 页。

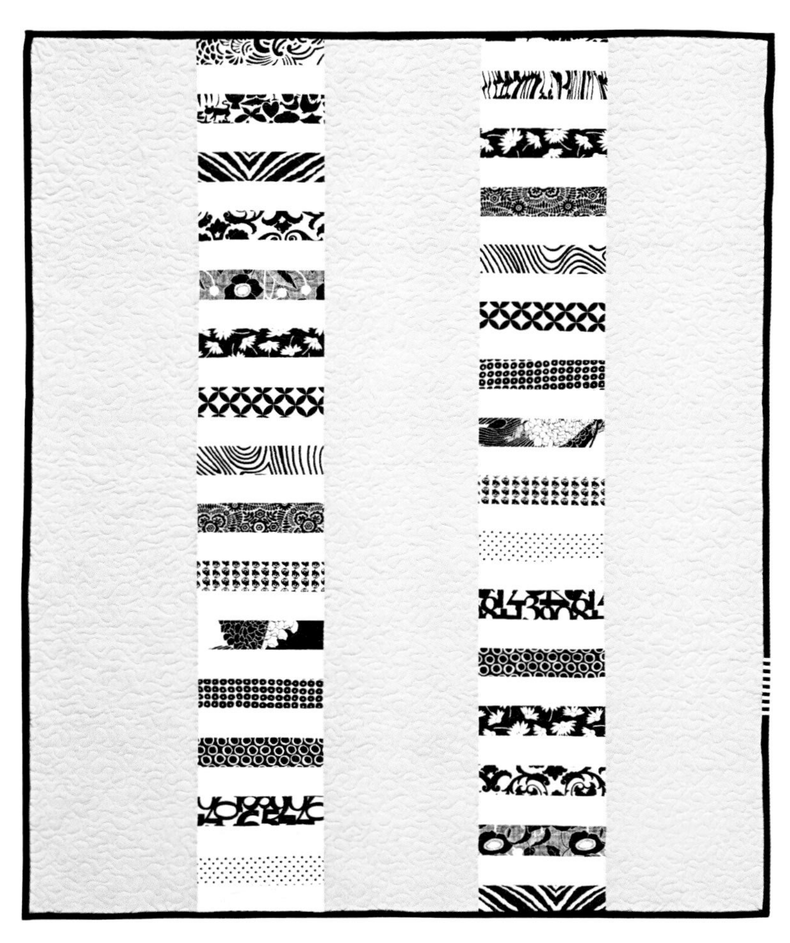

里布

裁剪说明

用于区块的印花布：

共 18 种印花布，从每种布料裁出 2 个 2.5 英寸 × 幅宽的布条。

现在你手头应该有 36 个 2.5 英寸 × 幅宽的印花布条。

用于区块的白色或中性色纯色布料：

裁出 36 个 2.5 英寸 × 幅宽的布条。

里布布料：

从 2 码的对比色纯色布料上裁出：

- 1 个 10.5 英寸 × 布长的布条
- 2 个 15.5 英寸 × 布长的布条

滚边布料：

- 裁出 6 个 2.5 英寸 × 幅宽的布条。

制作区块

如无特别说明，所有缝份都是 1/4 英寸，并向两边烫开。

注意：如果你使用的是方向印花布，请参照第 54 页中的建议。

1. 将 36 个印花布条和 36 个纯色布条一一配对缝合，形成 36 对布条。

2. 将 36 对布条随机分成 3 组（每组 12 个）。每组抽出 1 个单位缝合起来，纯色与印花相间隔，形成 12 个布条组，每组 6 个布条的宽度。

3. 上一步的 12 个布条组，每个布条组切成 1 个 8.5 英寸宽的单位，和 10 个 2.5 英寸宽的单位。

8.5 英寸宽的单位放在一堆，用来制作里布，共 12 个单位；2.5 英寸宽的单位分成 12 堆，每堆含 10 个完全相同的单位，共 120 个单位，用来制作拼布正面。

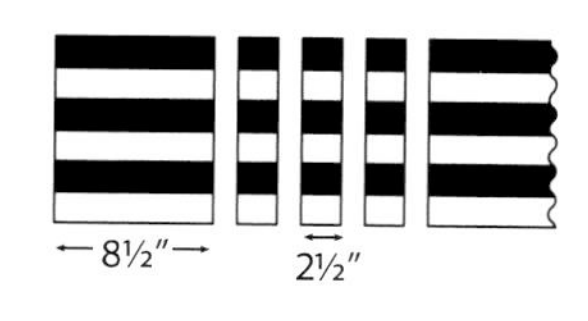

4. 上一步的 12 堆 2.5 英寸宽的单位，从每堆随机选出 1 个单位，沿长边拼接缝合，纯色与印花方块错开，形成棋盘样式。缝好后形成 60 个配对的布条单位。

5. 上一步做好的 60 个配对的布条单位，将每 3 个单位拼接缝合，注意纯色与印花方块错开，如区块组合图表所示，最后形成 20 个区块。

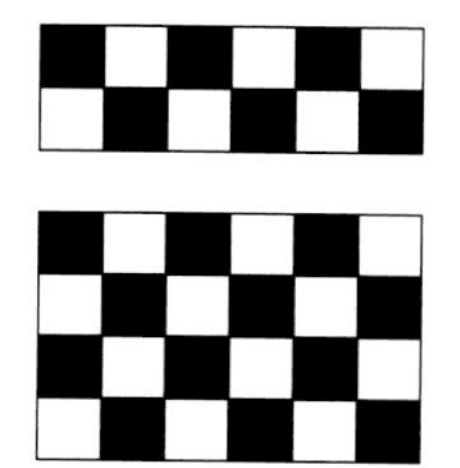
区块组合图表

小贴士

这个拼布作品有很多缝份，要做到尽可能精确，可以从中间开始用珠针固定，向外拓展开去。

小贴士

如果你使用的是方向印花布，一半的印花布条要缝到纯色布条左边，而另一半印花布条缝到纯色布条右边。在将这些布条拼缝成布条组时，一半的组合左边是纯色布，而另一半左边则是印花布。把布条组单位拼缝成区块时，要确保每个区块的左上角方块是纯色。这样的话，可以确保方向印花布的印花方向一致。

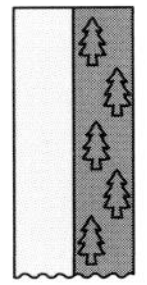

一半的印花布条缝到纯色布条左边，而另一半印花布条缝到纯色布条右边。

制作表布

纯色与印花方块交错排列，以形成棋盘样式，如表布组合图表所示。将做好的区块缝合成 5 个横排，每排 4 个区块。然后把横排缝合，形成表布。

表布组合图表

制作里布

1．将 12 个 8.5 英寸宽的里布单位分成 2 组，每组 6 个。将每组的 6 个单位沿着长边缝合成 72 英寸长的布条。烫开缝份。

2．在 10.5 英寸宽的里布布条的两边缝好上一步拼接好的布条。

3．把 2 个 15.5 英寸宽的里布布条分别拼缝到上一步制成的布条两边。

4．将边缘修剪平齐。

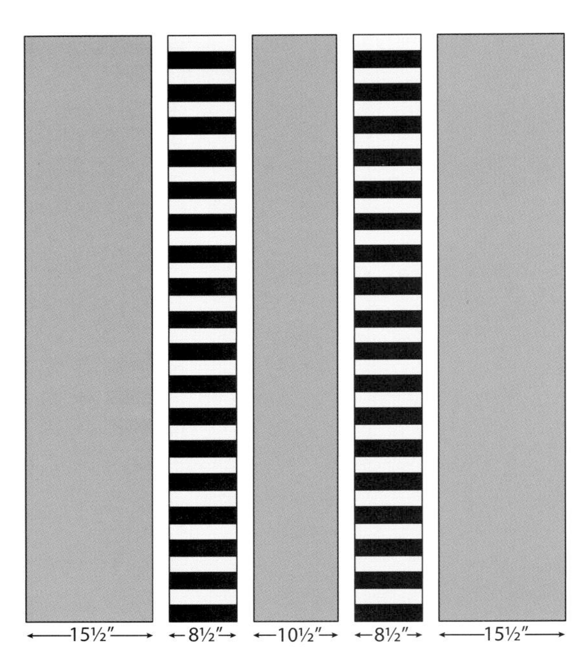

里布组合图表

完成拼布

根据拼布制作步骤（第 25 ~ 44 页），做拼布三明治，并完成绗缝和滚边。

其他效果

杂货风格

尽管这样做花费的时间有些长，但是这个方法能让你用上那些实在舍不得扔掉的布头。每个区块由 18 个纯色方块和 18 个印花布方块拼接而成。以上例子使用了天然亚麻和取图裁剪法裁出的印花布方块。

要制作出 48×60 英寸的拼布，你需要 2.5×2.5 英寸的印花布方块和纯色方块各 360 个来制作表布，2.5×8.5 英寸的印花和纯色布片各 36 个来制作里布。

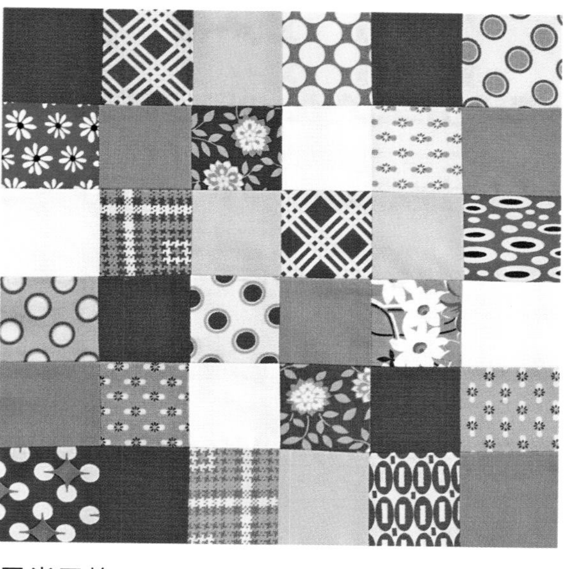

另类风格

用上好几种纯色布料会增加一点视觉上的乐趣。我采用的是中性色调的乳白色，另外还加上了灰色、湖蓝色和深红色的布条来提亮。

更多布料选择

用于表布的印花布料，有以下三个替代选择方案。你需要共 36 个 2.5 英寸 × 幅宽的布条。至于使用多少种印花布，你可以自己决定。

选择 1： 预先裁好的 2.5 英寸宽的布条卷 36 个

选择 2： 9 种不同布料，各 3/8 码

- 从每一种布料裁出 4 个 2.5 英寸宽的布条。

选择 3： 6 种不同布料，各 1/2 码

- 从每种布料裁出 6 个 2.5 英寸宽的布条。

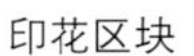
印花区块

纯色区块

小盘子

区块尺寸：8.5×8.5 英寸

拼布尺寸：68×85 英寸

由伊丽莎白·哈特曼制作与机绗。

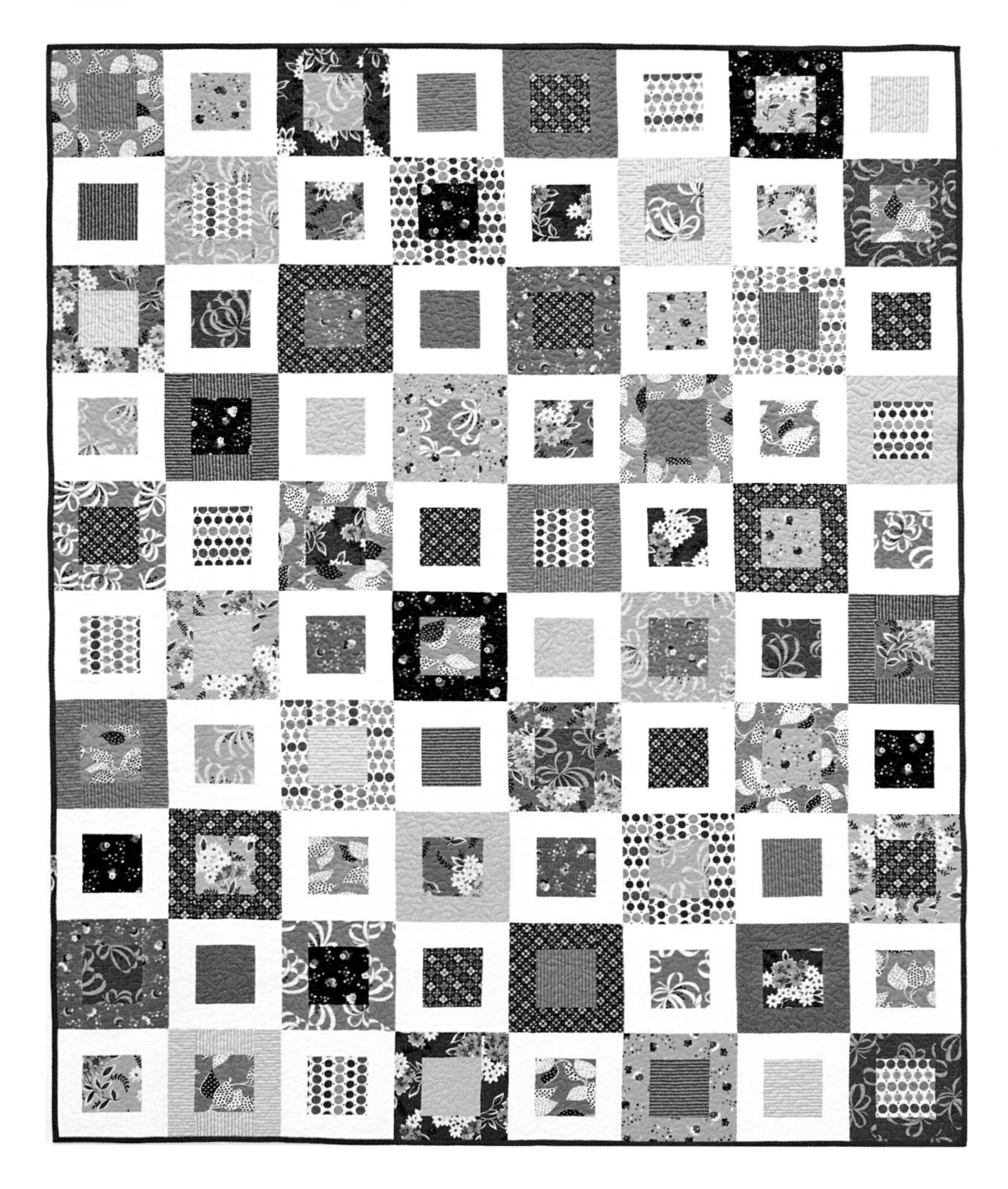

嵌套方块（Square-in-Square）是现代拼布中最常用的图案之一，它的特点在于中心方块四周套着“边框”。这样不仅能够很好地展示你最爱的布料，还容易拼接，对于新手来说，是一个很棒的选择。

里布

材料

如无特别说明，幅宽至少40英寸。

区块和里布：20种不同的印花布，各 $^{3}/_{8}$ 码

区块和里布：中性色调纯色布料，$2^{1}/_{2}$ 码

里布：2种协调色印花布，各 $2^{1}/_{4}$ 码

滚边：$^{3}/_{4}$ 码

铺棉：72×89英寸

* 更多布料选择及裁剪说明，见第61页。

裁剪说明

印花布：

20 种印花布，从每种裁出：

- 2 个 2.5 英寸 × 幅宽的布条

  继续裁成 2 个 2.5×5 英寸的布片，2 个 2.5×9 英寸的布片和 1 个 2.5×10 英寸的布片。

- 1 个 5 英寸 × 幅宽的布条

  继续裁成 4 个 5×5 英寸的方块。

现在，各种尺寸的印花布片数量如下：

- 80 个 5×5 英寸的方块
- 80 个 2.5×5 英寸的布片
- 80 个 2.5×9 英寸的布片
- 40 个 2.5×10 英寸的布片（用于里布）

中性纯色布料：

将布料展开，裁掉布边，修平，沿布长方向裁出：

- 2 个 2.5 英寸 × 布长的布条

  将每个布条修剪成 2.5 英寸 ×76.5 英寸。

将布料沿着幅宽方向折叠，然后裁出：

- 6 个 5 英寸 × 幅宽的布条

  将这些布条继续裁成 80 个 2.5×5 英寸的布片。

- 6 个 9 英寸 × 幅宽的布条

  将这些布条继续裁成 80 个 2.5×9 英寸的布片。

现在，各种尺寸的纯色布片数量如下：

- 80 个 2.5×5 英寸的布片
- 80 个 2.5×9 英寸的布片
- 2 个 2.5×76.5 英寸的布条（用来制作里布）

里布：

每个 2¼ 码的搭配色布料：

- 修剪掉布边，修剪布料至 76.5 英寸长。

滚边布料：

- 裁出 8 个 2.5 英寸 × 布长的布料。

制作区块

如无特别说明，所有缝份都是 ¼ 英寸，并向两边烫开。

表布包含 80 个区块。每个区块的组成包括：1 个 5×5 英寸的方块，2 个 2.5×5 英寸的布片，2 个 2.5×9 英寸的布片。一半的区块（40 个）全部用印花布料，我们称之为印花区块，另一半（40 个）的中间方块用印花布料，方块周围用纯色布料，我们称之为纯色区块。

小贴士

要使印花布料在拼布上分布均匀，就要确保 5 英寸的方块在印花区块和纯色区块之间平均分布。比如说，如果你从每种印花布料上裁剪下 4 个方块，那么 2 个要用于印花区块，另外 2 个用于纯色区块。

制作纯色区块

1．用 40 个 5 英寸印花布方块，80 个 2.5×5 英寸的纯色布片，以及 80 个 2.5×9 英寸的纯色布片。

2．将 2.5×5 英寸的纯色布片缝到每个方块的顶部和底部。

3．将 2.5×9 英寸的纯色布片缝到每个区块的左边和右边，完成区块制作。

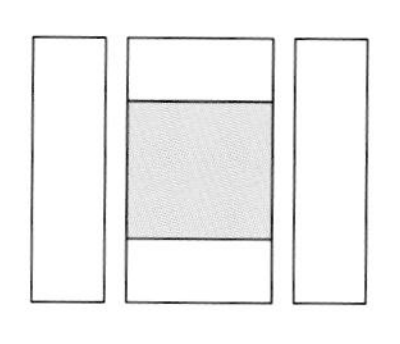

4．将每个方块修剪方正至 9×9 英寸。

制作印花区块

1．用剩下的 40 个 5 英寸印花布方块，80 个 2.5×5 英寸的印花布片，以及 80 个 2.5×9 英寸的印花布片。

2．将每 1 个 5 英寸印花布方块与 2 个 2.5×5 英寸印花布片和 2 个 2.5×9 英寸印花布片配组。

3．把 2 个 2.5×5 英寸的印花布片缝到 1 个对应方块的左边和右边。

4．把 2 个 2.5×9 英寸的印花布片缝到区块顶部与底部，完成区块制作。

5．将每个方块修剪方正至 9×9 英寸。

小贴士

将印花布片缝到印花方块和纯色方块时，采用了不同的顺序，这样做比缝份全都朝一个方向的效果更好。

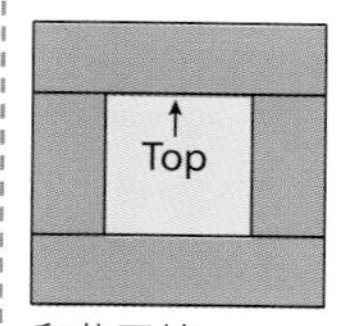

印花区块

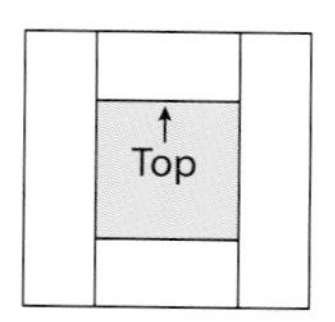

纯色区块

小贴士

在使用方向印花布时（参见第 24 页的提示），我建议在拼接 2.5 英寸的布条时，使其印花方向从中间向四周辐射。虽然这样做会使得方块底边的布条印花朝下，看上去有些奇怪，但是所有方块都这样拼接的话，最后整个拼布的组合效果要更协调一点。

制作表布

1. 把做好的区块放置成 10 个横排，每排 8 个区块，如表布组合图表所示。印花区块和纯色区块相间放置，组成棋盘图案。

2. 把每排 8 个区块缝合在一起，再将横排缝合，完成表布制作。

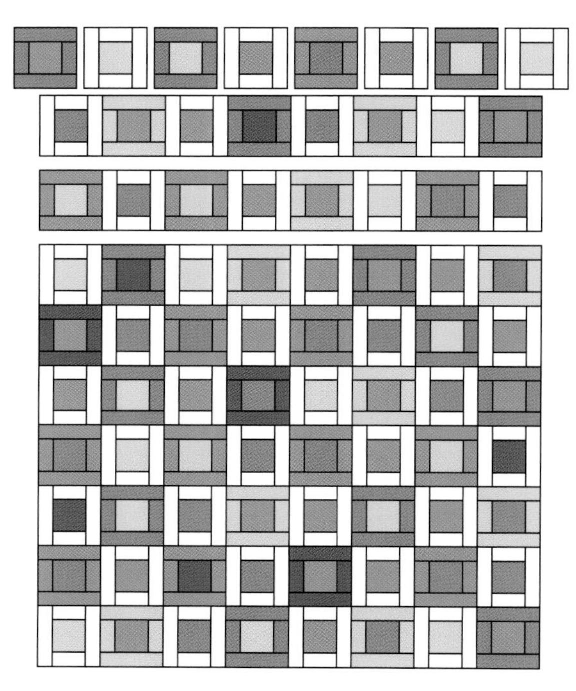

表布组合图表

制作里布

1. 将 38 个 2.5×10 英寸的布条长边对齐，缝合在一起，形成一个拼接好的 10×76.5 英寸的布条块。（注意啦，在最后拼接时，这个布条块两端都需要裁掉一两个布条，所以在这个布条块的两端不要使用你最爱的布料，剩下的布条可用于别的作品。）

2. 把 2.5×76.5 英寸的中性纯色布条缝合到上一步拼接好的布条块的顶部和底部。接着再将 2 个较大的里布印花布片分别缝到顶部和底部，完成里布制作。

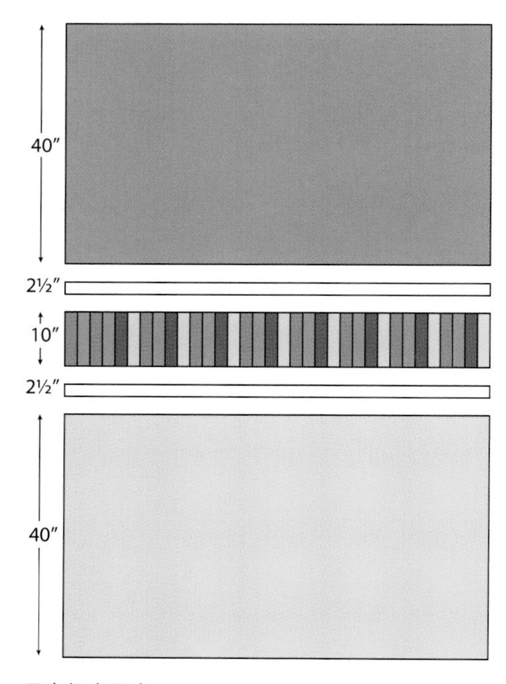

里布组合图表

完成拼布

根据拼布制作步骤（第 25 ~ 44 页）中拼布三明治的解释说明，完成绗缝、滚边的制作步骤。

其他效果

简约风

用另一种纯色布料替代所有印花布料的布条，就可以将焦点放在方块上，形成一种干净利落的现代构图。

特意效果

以印花的某一部分为中心，或者突出这一个部分而专取布料的某一部分进行裁剪的方法叫做取图裁剪法。用这种方法来裁剪本图案所需的 5 英寸方块是最有效的。从新颖图案印花布上取图裁剪 80 个不同的 5 英寸方块，这样做出来的拼布非常适合同孩子一起玩儿“I spy”游戏。（关于取图裁剪法的更多信息，可参见第 28 页。）

更多布料选择

下面是拼布区块印花布料的替代选择方案：

选择 1：选用预先裁好的布料

2.5 英寸宽的布条卷，1 卷，每卷 40 个布条，5×5 英寸的方块布料包，2 包，每包 40 个

- 从每个 2.5 英寸宽的布条裁出：2 个 2.5×5 英寸的布片，2 个 2.5×9 英寸的布片，1 个 2.5× 10 英寸的布片。
- 80 个 5×5 英寸的方块布备用。

选择 2：40 种不同布料，各取 1/4 码

从每种布料裁出：

- 1 个 2.5 英寸 × 幅宽的布条

  每个布条继续裁成：2 个 2.5×5 英寸的布片，2 个 2.5×9 英寸的布片，1 个 2.5×10 英寸的布片。

- 1 个 5 英寸 × 幅宽的布条

  每个布条继续裁成 2 个 5×5 英寸的方块。

选择 3：10 种不同的布料，各 1/2 码

从每种布料裁出：

- 4 个 2.5 英寸 × 幅宽的布条

  每个布条继续裁成：2 个 2.5×5 英寸的布片，2 个 2.5×9 英寸的布片，1 个 2.5×10 英寸的布片。

- 1 个 5 英寸 × 幅宽的布条

  每个布条继续裁成 8 个 5×5 英寸的方块。

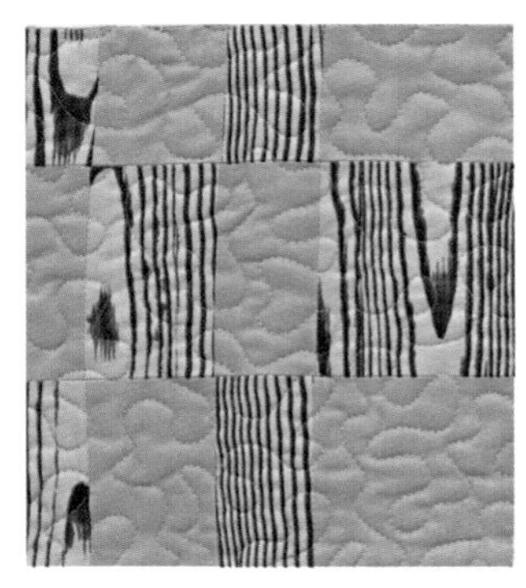

B 区块

巧克力蛋糕

A 区块尺寸：8×12 英寸

B 区块尺寸：8×9 英寸

C 区块尺寸：5×12 英寸

拼布尺寸：62×62 英寸

由伊丽莎白·哈特曼制作与机绗。

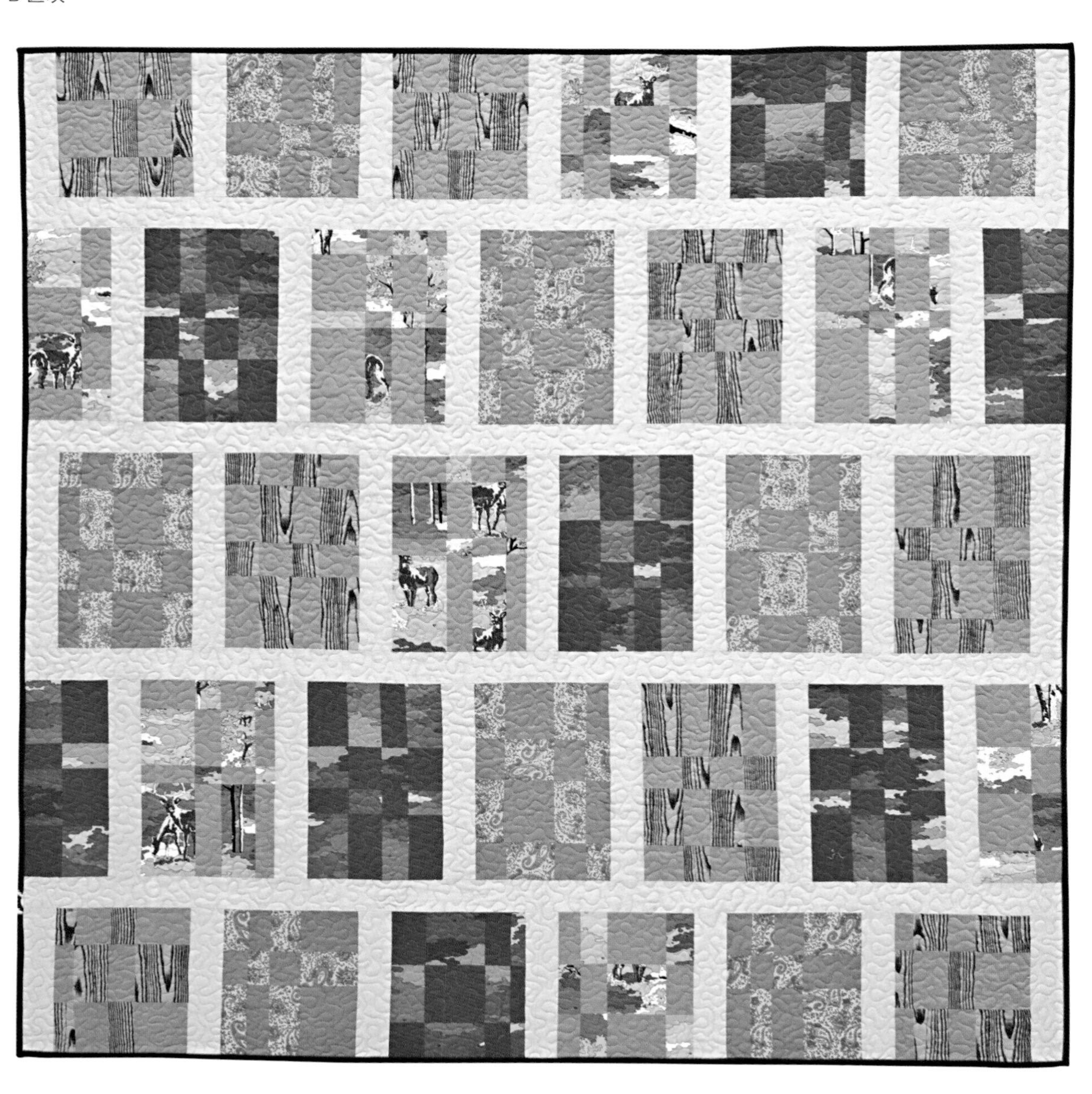

这个作品的区块制作会采用“**分堆、切割、混合**”这三个步骤，即先将长方形的布料分堆，然后从两个方向进行切割，就像切一盘巧克力蛋糕一样。切好后，再将布料混合，缝制成区块，每个区块呈现抽象的**棋盘图案**。

这个作品还包含现代拼布设计中另一个重要的因素——中性色的纯色肩条。在组合中加入中性色的肩条，可以使眼睛在喧闹的区块中得到休息，也可以更加衬托出印花布料的美丽和纯色布料的鲜明。

你大可以用另外四种颜色代替我此处使用的红色、黄色、绿色和蓝色。但不论你使用哪种颜色，要注意别让印花布和纯色布太过对应。纯色布料与印花布料中不那么显眼的颜色搭配时，整体效果会更好看。

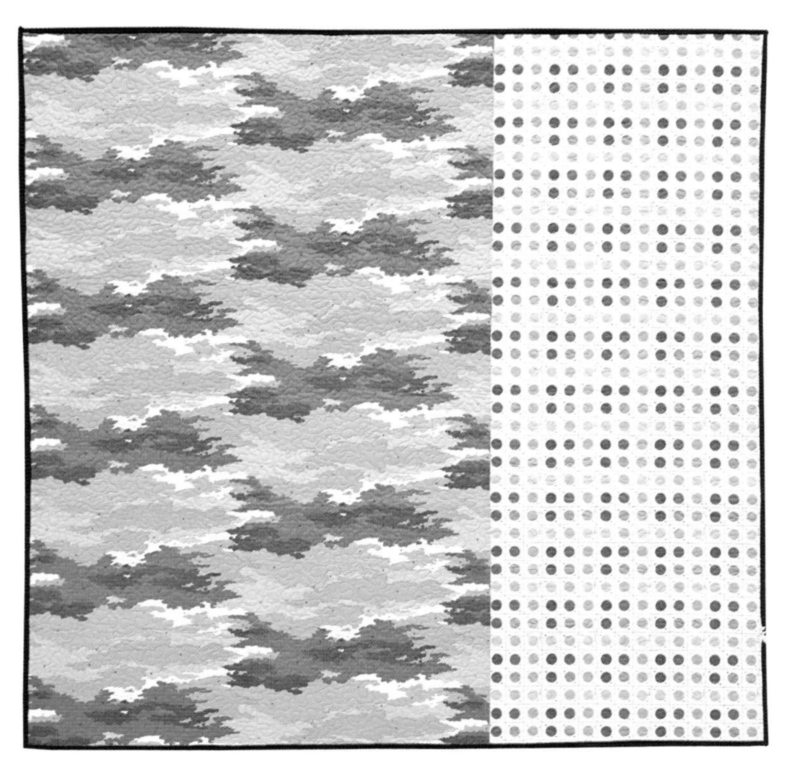

里布

材料

如无特别说明，幅宽至少40英寸。

区块：以下每种布料各 1/2 码

红印花布和与之协调的纯色布

绿印花布和与之协调的纯色布

黄印花布和与之协调的纯色布，幅宽至少42英寸

蓝印花布和与之协调的纯色布，幅宽至少42英寸

肩条：天然亚麻料或类似的中性纯色布料，1 7/8 码

里布：两种不同布料，各2码

滚边：5/8 码

铺棉：66×66英寸

裁剪说明

红绿两色布料（印花布和相协调的纯色布）：

从每种布料裁出：

- 1 个 14.5 英寸 × 幅宽的布条

  继续裁成 3 个 10.5×14.5 英寸的布片和 1 个 6.5×14.5 英寸的布片。

  将 1 个 10.5×14.5 英寸的布条修剪成 10.5×11 英寸。

现在，每色布料（印花布和相协调的纯色布）裁成的布片如下：2 个 10.5×14.5 英寸的布片，1 个 10.5×11 英寸的布片，1 个 6.5×14.5 英寸的布片。

黄蓝两色布料（印花布和搭配色纯色布）：

从每种布料裁出：

- 1 个 14.5 英寸 × 幅宽的布条

  继续裁成 4 个 10.5×14.5 英寸的布片。

  其中 2 个布片修剪成 10.5×11.5 英寸。

现在，每色布料（印花布和相协调的纯色布）裁成的布片如下：2 个 10.5×14.5 英寸的布片，2 个 10.5×11 英寸的布片。

天然亚麻或者类似的中性纯色布料：

用于肩条，先将布料展开，修平布边，然后裁出：

- 4 个 2.5 英寸 × 布长的布条

  每个布条长度修剪成 63 英寸，用作横向肩条。

- 1 个 12.5 英寸 × 布长的布条

  继续裁成 19 个 2.5×12.5 英寸的布片，用作大的竖向肩条。

- 1 个 9.5 英寸 × 布长的布条

  继续裁成 14 个 2.5×9.5 英寸的布片，用作小的竖向肩条。

里布：

- 两块布料均修平布边。

  将其中一块修剪成 30 英寸 × 布长

滚边：

- 裁出 7 个 2.5 英寸 × 幅宽的布条。

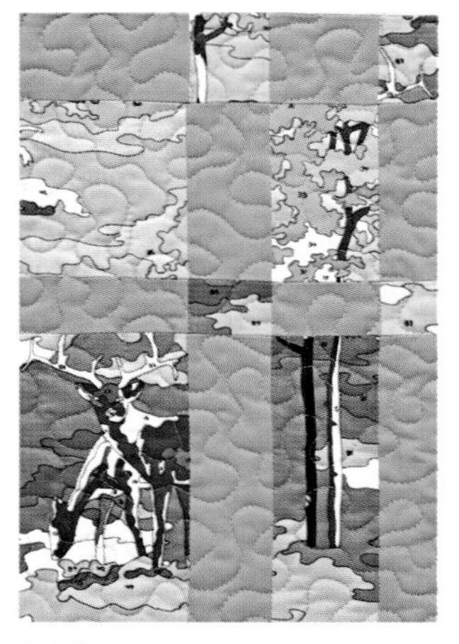

A 区块

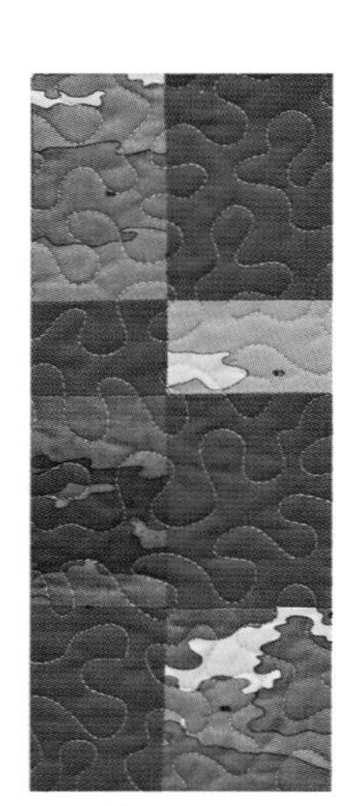

C 区块

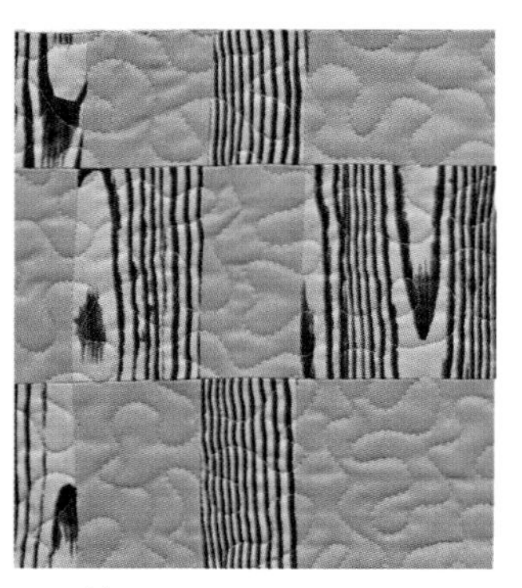

B 区块

制作区块

如无特别说明，所有缝份都是 1/4 英寸，并向两边烫开。

A区块

用 10.5×14.5 英寸的布片做 A 区块。按照以下的步骤，蓝色、红色、黄色和绿色，每色系做出 4 个区块。

1. 把每色系 10.5×14.5 英寸的布片（2 个印花布片和 2 个协调色的纯色布片）按水平方向码成一叠，顺序为：印花、纯色、印花、纯色。布边必须严格对齐，正面朝上。

2. 横向切 3 刀，确保每叠的 4 层布料都要切到。切出来的布片宽度可以随意，但是一定要与布边保持平行。现在，布料变成了 4 叠，每叠有 4 个布片。

3. 把第 1 叠和第 3 叠顶层的印花布片移到最底层。

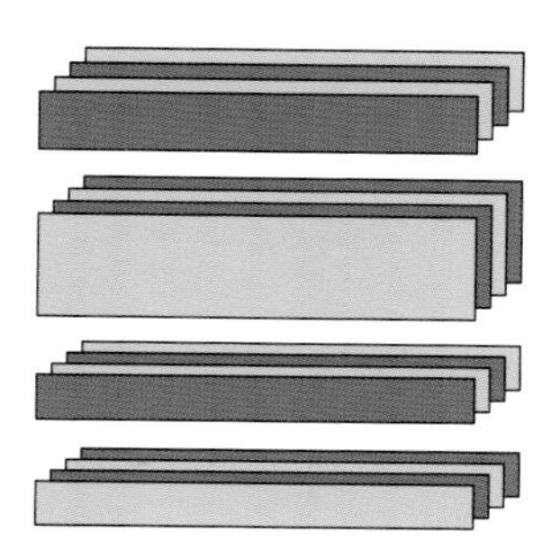

浅色代表印花，深色代表纯色

4. 从以上 4 叠布料中各取最上层的 1 个布片，沿长边拼接缝合，注意正面与正面相对。用同样方法，将第 2、第 3 和第 4 层也拼接好。

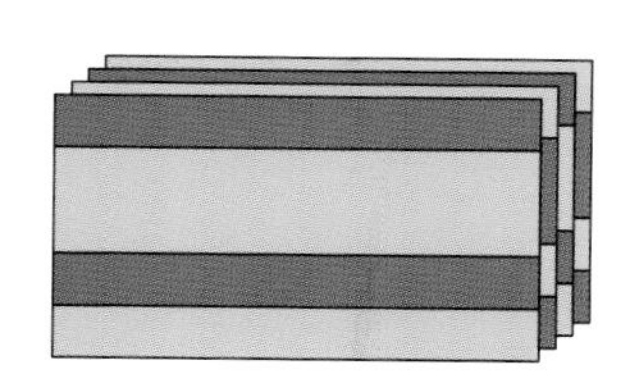

小贴士

注意，拼接时需要缝份，所以横向裁切时，布条宽度至少要有 1.5 英寸，除去缝份之后也不至于太窄，看起来的整体效果会好一些。

5. 将拼接好的区块码成一叠，调整放置方向，确保每条缝份都是纵向、上下对齐，各边缘也对齐，并且顶层从左到右布条安排顺序是：纯色、印花、纯色、印花。

6. 横向切 3 刀。区块被切成 4 叠，每叠有 4 个拼接好的布片单位。

7. 把第 1 叠和第 3 叠顶层的布片单位移到最底层，形成印花块和纯色块错落相间的抽象棋盘图案。

8. 从以上 4 叠中各取最上层的布片单位进行缝合，正面与正面相对，缝份对齐。用同样的方法缝好其他 3 层。

9. 将 4 个区块修剪成 8.5×12.5 英寸。

做好后，一共就有 16 个 A 区块：蓝色系、红色系、黄色系和绿色系各 4 个。

B区块

用 10.5×11 英寸的布片做 B 区块。重复以下的步骤，做出蓝色系和黄色系的区块各 4 个，绿色系和红色系的区块各 2 个。

1. 用 10.5×11 英寸布片，按照做 A 区块的步骤 1~5 制作。

2. 横向切 2 刀。确保每叠的 4 层布料都要切到。切出来的布片宽度可以随意，但是一定要与布边保持平行。蓝色系和黄色系的拼接单位切割后形成 3 叠，每叠 4 层。绿色系和红色系的拼接单位切割后形成 3 叠，每叠 2 层。

3. 把第 1 叠和第 3 叠顶层的布片单位移到最底层，形成印花块和纯色块错落相间的抽象棋盘图案。

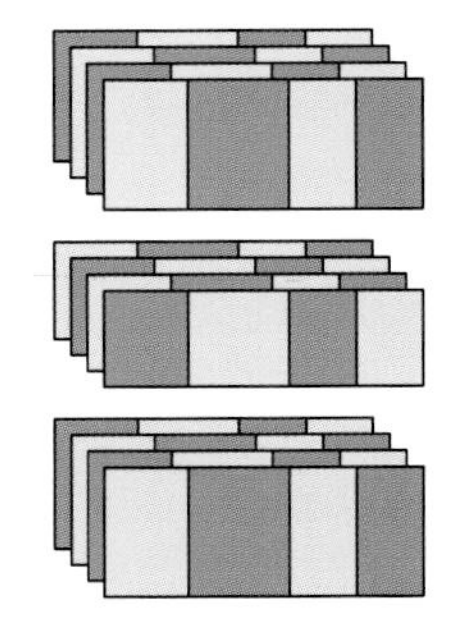

4. 从以上 3 叠中各取最上层的布片单位进行缝合，正面与正面相对，缝份对齐。用同样的方法缝好其他 3 层。

5. 将做好的区块修剪成 8.5×9.5 英寸。

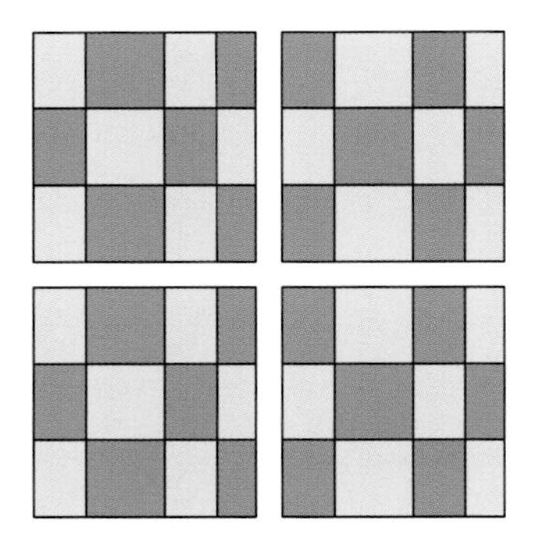

做好后，一共有 12 个 B 区块：蓝色系和黄色系各 4 个、绿色系和红色系各 2 个。

C区块

用 6.5×14.5 英寸的布片做 C 区块。重复以下的步骤，做出绿色系和红色系的区块各 2 个。

1. 把绿色系和红色系的 6.5×14.5 英寸布条按以下顺序码成一叠并水平放置：印花、纯色。布边必须严格对齐，正面朝上。

2. 横向切割 1 刀，2 层都要切到。切割一定要与布边平行。切割后形成 2 叠，每叠 2 层。

3. 将第 1 叠的顶层布片移到底层。

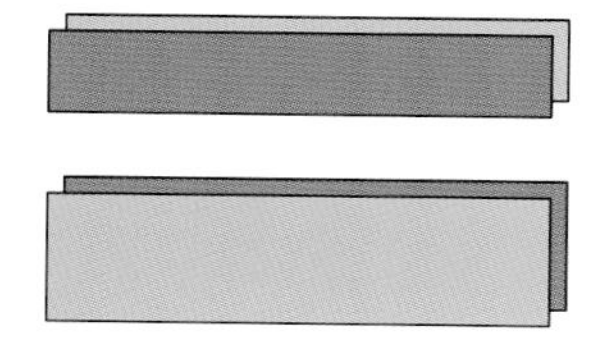

4. 将 2 叠的顶层分别取出，正面与正面相对，沿长边缝合。用同样的方法将底层也缝好。

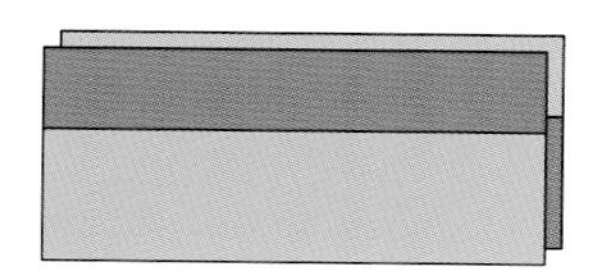

5. 调整放置方向，纯色布条靠左，缝份纵向，上下对齐，布边对齐。

6. 横向切割 3 刀，形成 4 叠，每叠有 2 个拼接好的布片单位。

7. 把第 1 叠和第 3 叠的顶层布片单位移到底层，形成印花和纯色布块错落相间的棋盘格局。

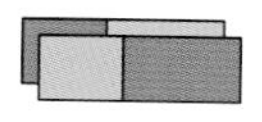

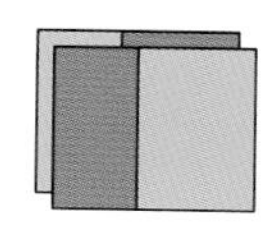

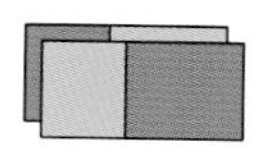

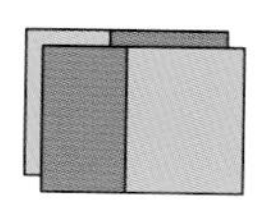

8. 将以上 4 叠的顶层和底层拼接单位分别缝合，正面与正面相对，缝份对齐。

9. 将 2 个区块修剪成 5.5×12.5 英寸。

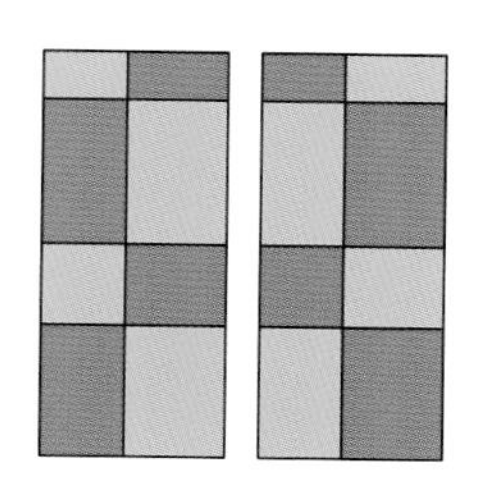

做好后一共有 4 个 C 区块：绿色系 2 个、红色系 2 个。

制作表布

1. 把做好的区块按照表布组合图所示缝合成 5 个横排。在每个横排上变换不同颜色的区块。把小的竖向肩条缝合在 B 区块间，大的竖向肩条缝合在 A 和 C 区块间。

2. 按照表布组合图所示把 5 个横排与 4 个横向肩条缝合。将横向肩条多余部分剪掉。

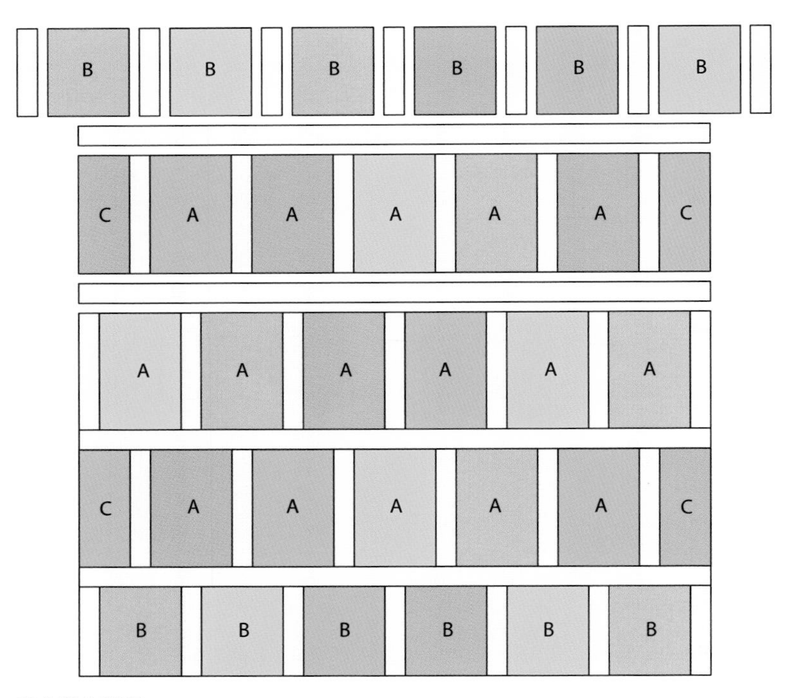

表布组合图表

制作里布

将裁成 30 英寸宽的里布布料与另一整块里布布料沿着长边缝合。

完成拼布

按照拼布制作步骤（第 25～44 页），做拼布三明治、绗缝、滚边，完成拼布。

其他效果

拼凑效果

你可以沿用同样的布局和区块制作方法，而不用原作品的色彩搭配方法。只需用 16 个 10.5×14.5 英寸的布片做出 16 个 A 区块，用 12 个 10.5×11 英寸的布片做出 12 个 B 区块，再用 4 个 6.5×14.5 英寸的布片做出 4 个 C 区块。

大小印花搭配

不用纯色布，而用大小印花搭配的 4 个色系的布料。这种方法尤其方便使用同一布组的 8 种布料。

《厨房的窗户》，伊丽莎白·哈特曼（见第 77 页）

拼布区块

情人节

区块尺寸：10.5×10.5 英寸

拼布尺寸：63×84 英寸

由伊丽莎白·哈特曼制作与机绗。

材料

如无特别说明，幅宽至少 40 英寸。

区块：各种印花布，总共需要 8~10 码

这些布料要裁成 1~2.5 英寸×3~16 英寸的布条。分别从 4 个色系选择印花和纯色布料。如果你在某些组合里和某些印花布上多加一个颜色，组合效果会更好。我用的印花和纯色布料包括以下 4 个色系：红色与紫色，金色、橙色和粉红色，微绿的蓝色，以及微黄的绿色。

注意：所需布料多少取决于布条数量和宽度。如果每个区块使用的布条少且宽，总体来说比用很多窄的布条更省布料。

肩条：中性纯色布料，1 码

里布：三种协调色纯色布料，每种 3/8 码；两种协调色印花布料，每种 2 码，幅宽至少 42 英寸

滚边：3/4 码

铺棉：67×88 英寸

复印纸：11×17 英寸，共 48 张，修剪成边长 11 英寸的方块

可洗掉的固体胶水

这件作品是由上百条狭长的布条组成的，类似作品常常也叫做**窄条纹拼布**（string quilts）。要把这么多布条拼接牢固是挺有挑战的事，所以制作当中要用一种特殊的技巧——**纸衬拼接**（foundation piecing）。

纸衬拼接，就是用复印纸作为衬，用比平常小的针脚机缝，机缝过程中，布条和纸衬被缝在一起，等完成区块后，再将纸衬撕掉。

在制作这件作品时，将布条按不同色系分成 4 组，以营造出一个颜色对比鲜明的菱形图案。

里布

裁剪说明

各种布条：

见“材料”部分。

用于肩条的中性纯色布料：

裁出：

- 2 个 16 英寸 × 幅宽的布片

再继续裁成 48 个 1.5×16 英寸的肩条布条。

里布布料：

每 1 种纯色布料，裁掉布边，裁出：

- 2 个 4.5 英寸 × 幅宽的布片

每 1 种印花布料，裁掉布边，裁出：

- 1 个 18.5 英寸 × 布长的布片
- 1 个 22.5 英寸 × 布长的布片

滚边布料：

- 裁出 8 个 2.5 英寸 × 幅宽的布条。

小贴士

如果你是从一整匹新的布料上进行裁剪，而不是用碎布，那么你可以裁出 1~2.5 英寸 × 幅宽的布条。在拼接区块的时候，需要多长的布条就裁取多长。

制作区块

如无特别说明，所有缝份都是 1/4 英寸，并向两边烫开。

1. 给每组颜色的布料色系编号，从 1 到 4，每一组的布条分别放入 4 个不同的容器。

2. 用长的拼布尺（18~24 英寸）和铅笔，在 11×11 英寸的方块纸衬上画出对角线。在对角线两边 3/4 英寸处各画一条平行线，这时，纸衬中间便有了一条宽 1.5 英寸的对角条。

3. 用胶棒在对角条的中间上涂一层胶水。要防止胶水溢过边缘。在对角条中间放 1 个 1.5×16 英寸的肩条布条，按压使得布条与胶水黏合。（即使胶水渗过布条也没关系，因为布料经过水洗之后，胶水的痕迹会自然消失不见。）

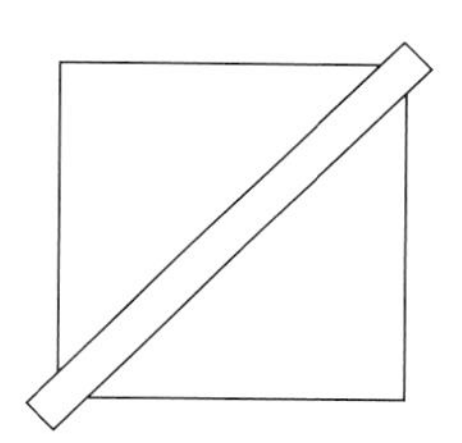

4. 从第 1 颜色组取 1 个布条放置在对角布条上，边缘对齐，正面如图叠放。沿对齐的边缘缝合，包括两个布条和纸衬，用标准的 1/4 英寸缝份，针脚要比平常的小（参见第 74 页“小贴士”）。

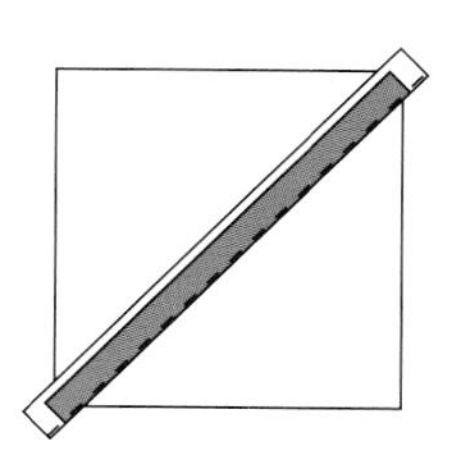

5. 朝着区块外的方向，熨平布条。

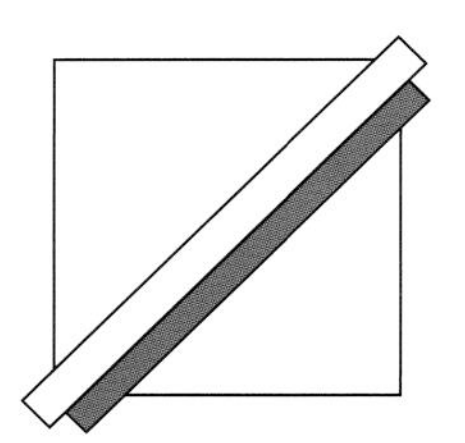

小贴士

将缝纫机上调到小针脚（我常将之设置为1），这样针脚密实，缝完后纸衬更容易撕下来。

6. 按照步骤4~5，继续从第1颜色组中取布条，直到区块半边纸面完全被覆盖住。用同样的方法，从第2颜色组中取布条，将区块的另外半边覆盖住。

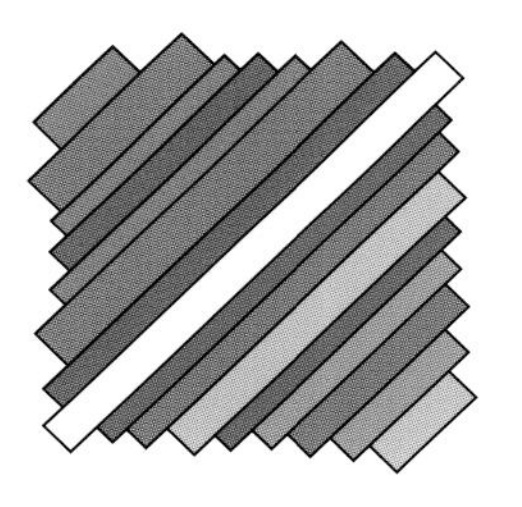

7. 将区块翻转，沿纸衬边缘，把区块修剪成11×11英寸的方块。

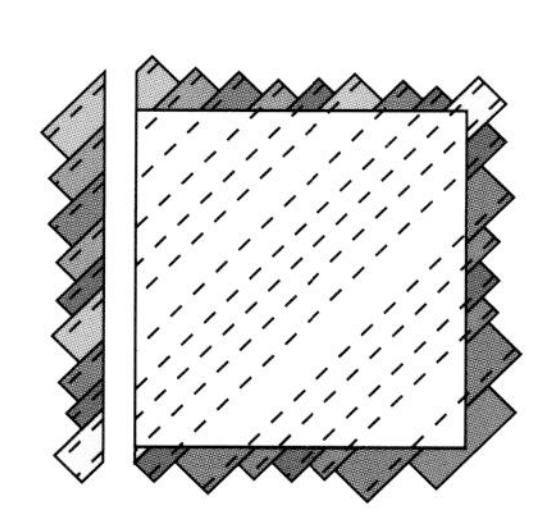

8. 重复步骤2~7，再做出11个区块（总共12个）。这些区块都是半边由颜色组1中的布条、半边由颜色组2中的布条拼接而成。

9. 接着制作12个区块，这些区块都是半边由颜色组2中的布条、半边由颜色组3中的布条拼接而成。

10. 接着制作12个区块，这些区块都是半边由颜色组3中的布条、半边由颜色组4中的布条拼接而成。

11. 接着制作12个区块，这些区块都是半边由颜色组4中的布条、半边由颜色组1中的布条拼接而成。

1与2颜色组

2与3颜色组

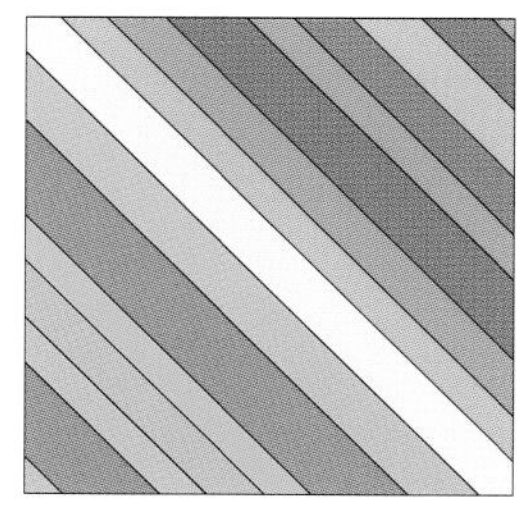

3与4颜色组

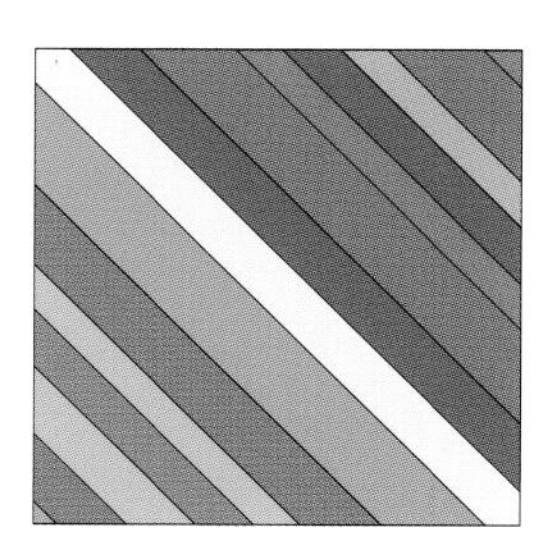

4与1颜色组

12. 小心地将所有区块背后的纸衬撕去。

制作表布

1. 按照表布组合图表所示，把做好的区块摆放成8个横排，每个横排6个区块。将区块具有相似颜色的部分拼在一起，形成一个相似颜色的菱形。区块对角线上的中性纯色肩条刚好形成格子形状。

2. 把横排中的区块缝合，再将各横排缝合，完成拼布表布制作。

表布组合图表

小贴士

在区块边缘，布料经过斜纹裁剪，所以伸缩性很大，在给区块别别针以及缝合的过程中，要小心处理。

制作里布

1. 将4.5英寸宽的两条同色纯色布条首尾相连地接缝起来，然后修剪成72英寸长。

2. 根据里布组合图表，把拼接好的纯色布条和较宽的印花布块缝合起来。

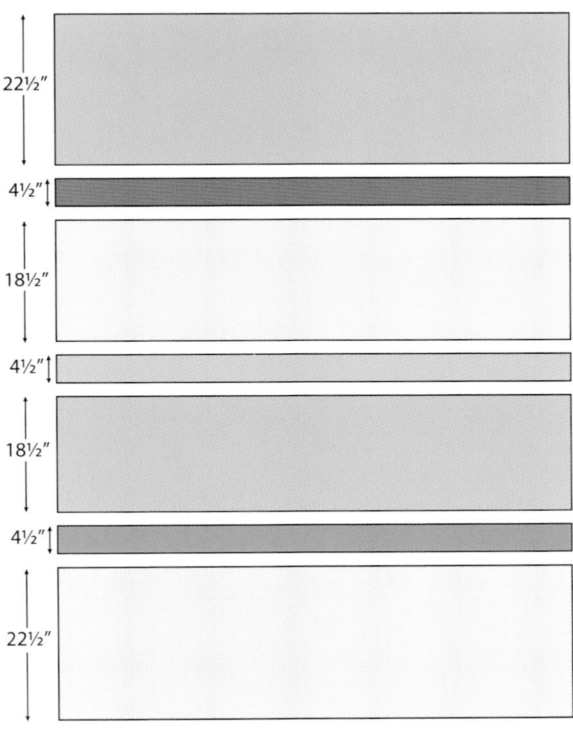

里布组合图表

完成拼布

按照拼布制作步骤（第25~44页），做拼布三明治、绗缝、滚边，完成拼布。

其他效果

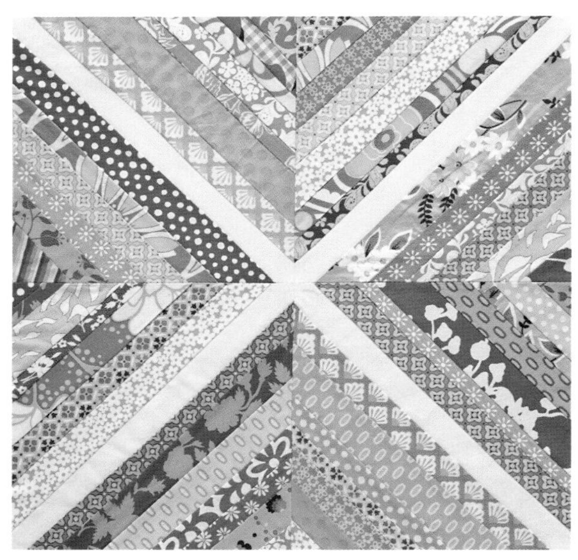

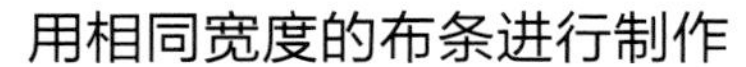

用相同宽度的布条进行制作

如果要在区块相交的地方放大菱形的效果，你可以用相同宽度的布条来制作区块。如上面的例子，我交替拼接 1.5 英寸和 2.5 英寸宽的布条，开头和结束都是采用 2.5 英寸宽的布条。用这种方法拼接完整个拼布作品，会使得菱形的形状特别明显，非常类似于嵌套方块的效果。

拼凑风格

如果要制作出拼凑风格，就不必把布条按照颜色进行分类，而直接随意分配即可。上面这个区块采用了本章作品用到的某些颜色，但是没有用同样的颜色分配方法。

拼布区块

厨房的窗户

区块尺寸：16×16 英寸

拼布尺寸：52×68 英寸

由伊丽莎白·哈特曼制作与机绗。

材料

如无特别说明，幅宽至少 40 英寸。

区块：12×16 英寸的印花布片*，12 种

区块的窗户框架：黑色布料，1⅝ 码

边缘及肩条：中性纯色布料，2 码

里布：颜色搭配的大印花布和小印花布，各 1¾ 码

滚边：⅝ 码

铺棉：56×72 英寸

整理卡片：12 张

* 更多布料选择及裁剪说明，见第 81 页。

你有没有想过给特别可爱的印花布加上边框？在拼布中，把每个区块拼接成**窗户图案**，窗户框架中间正好展示你最爱的印花布料。

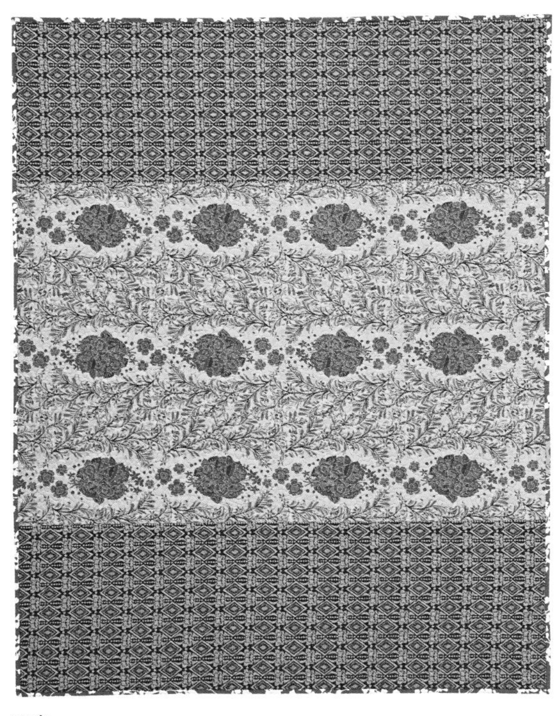

里布

裁剪说明

用于区块的印花布料：

注意：裁剪时，同样大小的布片分堆放置。

每块 12×16 英寸的印花布裁出：

- 1 个 6×16 英寸的布条

  继续裁成：1 个 6×6.5 英寸的窗户布片，2 个 6×3.5 英寸的窗户布片。

- 1 个 4×16 英寸的布条

  继续裁成：1 个 4×8.5 英寸的窗户布片，1 个 4×5.5 英寸的窗户布片。

现在你手头用于制作区块的印花布片如下：

- 12 个 6×6.5 英寸的窗户布片
- 24 个 6×3.5 英寸的窗户布片
- 12 个 4×8.5 英寸的窗户布片
- 12 个 4×5.5 英寸的窗户布片

黑色纯色布料：

用于制作窗户框架，裁出：

- 1 个 6 英寸 × 幅宽的布条

  继续裁成 24 个 1.5×6 英寸的窗户框架布片。

- 1 个 4 英寸 × 幅宽的布条

  继续裁成 12 个 1.5×4 英寸的窗户框架布片。

- 2 个 14.5 英寸 × 幅宽的布条

  继续裁成 36 个 1.5×14.5 英寸的竖向窗户框架布片。

- 1 个 12.5 英寸 × 幅宽的布条

  继续裁成 24 个 1.5×12.5 英寸的横向窗户框架布片。

中性纯色布料：

用于制作拼布的肩条和边缘，修剪布边后，裁出：

- 4 个 2.5 英寸 × 布长的布条，用于拼布边缘

- 1 个 16.5 英寸 × 布长的布条

  继续裁成 24 个 2.5×16.5 英寸的肩条布片。

里布布料：

- 裁掉布边，然后将布料裁成 60 英寸长。

- 将搭配色小印花布料裁成 2 个 18×60 英寸的布块。

滚边布料：

- 裁出 7 个 2.5 英寸 × 幅宽的布条。

制作区块

如无特别说明，所有缝份都是 1/4 英寸，并向两边烫开。

将布片分类

在一张大桌或较大的地方铺开 12 张整理卡片。将裁好的布片分配到整理卡片上，每张卡片包括以下布片：

窗户布片：

- 2 个 6×3.5 英寸
- 1 个 6×6.5 英寸
- 1 个 4×5.5 英寸
- 1 个 4×8.5 英寸

小窗户框架布片：

- 2 个 1.5×6 英寸
- 1 个 1.5×4 英寸

竖向窗户框架布片：

- 3 个 1.5×14.5 英寸

横向窗户框架布片：

- 2 个 1.5×12.5 英寸

肩条布片：

- 2 个 2.5×16.5 英寸

把整理卡分堆，按照以下说明制作区块，总共制作出 12 个区块。

缝制区块

按照图示一步一步做，很轻松！

1. 把窗户和框架布片缝合，拼接成 6×14.5 英寸的柱形。

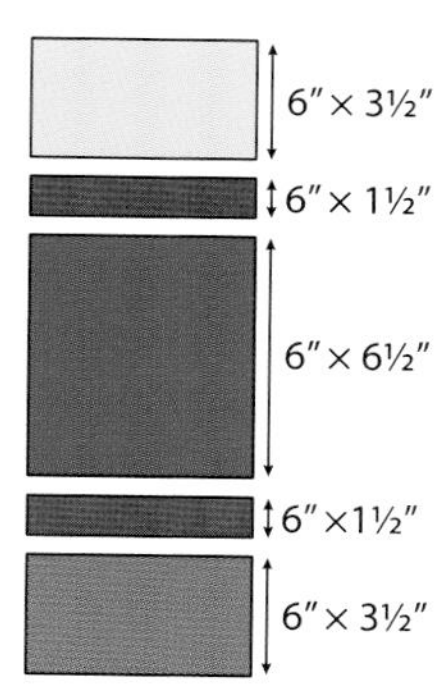

2. 把窗户和框架布片缝合，拼接成 4×14.5 英寸的另一个柱形。

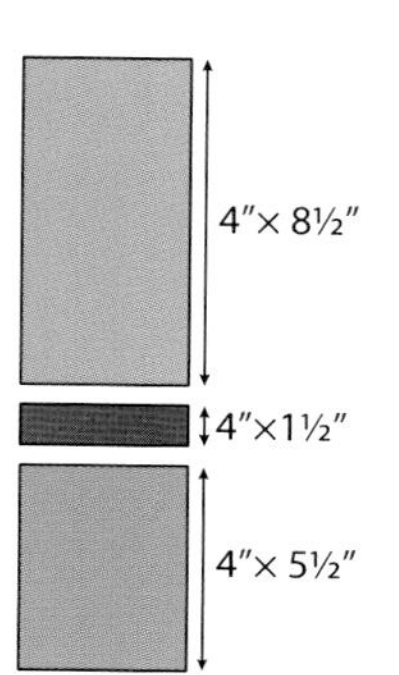

3. 把以上两步中拼接好的柱形与 1.5×14.5 英寸的竖向窗户框架布片缝合。

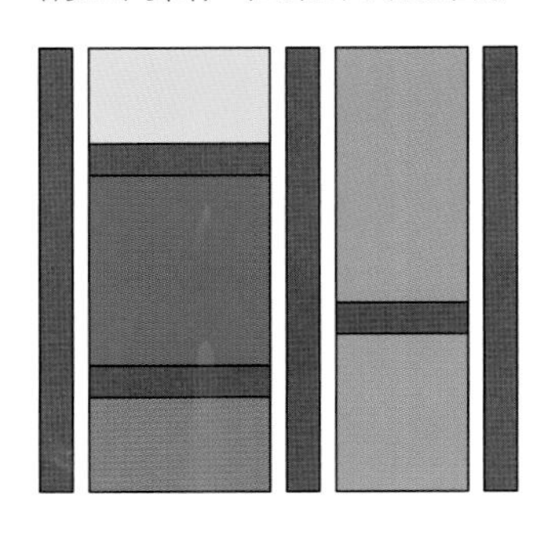

4. 把 1.5×12.5 英寸的横向窗户框架布片分别缝合到区块的顶端和底端。

5. 把 2.5×16.5 英寸的肩条缝合到区块左右两边，完成区块制作。

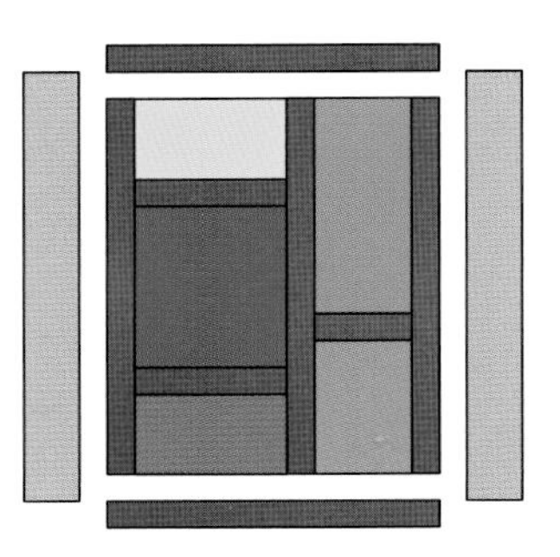

制作表布

1. 把完成的区块分为 4 横排，每个横排 3 个区块，相邻两个区块旋转 90 度相接。先缝合成横排，再将各横排缝合。

2. 把边缘布条分别缝合到表布的左右两边，修剪掉多余的边缘布条。把剩下的边缘布条缝合到表布的顶端和底端。修剪掉各角落多余的长度，使之形成一个标准的 52.5×68.5 英寸的长方形。

表布组合图表

制作里布

沿大印花里布布料 60 英寸长的两边，分别接缝上 18×60 英寸的小比例印花里布布料。

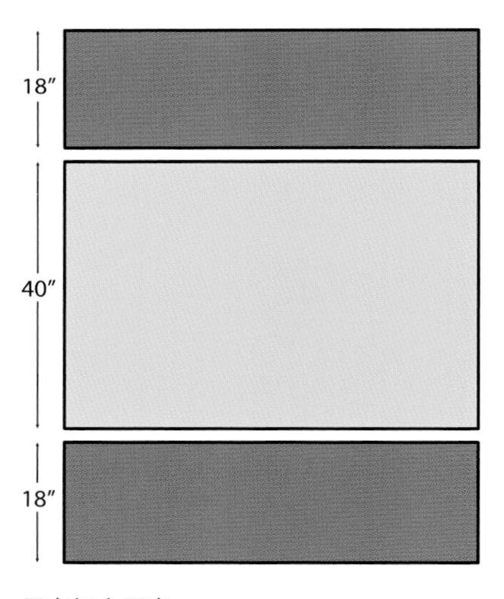

里布组合图表

完成拼布

按照拼布制作步骤（第 25～44 页），做拼布三明治、绗缝、滚边，完成拼布。

其他效果

取图裁剪

透过窗户看景色的设计方案，很能突出取图裁剪出的布料的效果。对于这一大小的拼布作品，你需要的窗户布片如下：6×6.5 英寸、4×5.5 英寸、4×8.5 英寸的布片各 12 个，6×3.5 英寸的窗户布片 24 个。（关于取图裁剪法，详见第 28 页。）因为相邻两个区块要旋转相接，所以用到方向印花布时要留意统一方向。

疯狂效果

当然，窗户框架里不一定非要是一种布片。你可以用任意拼接的方法做好一个拼接单位，然后将其裁剪到窗户布片的大小，这会带来一种出乎意料的效果。

更多布料选择

可采用 6 种四开裁印花布做拼布区块

注意：裁剪时，把同样大小的布片分堆放置。

从每 1 个四开裁布块裁出：

- 1 个 6 英寸 × 边长（约 21 英寸）的布条

  继续裁成：2 个 6×6.5 英寸的窗户框架布片，2 个 6×3.5 英寸的窗户布片。

- 1 个 4 英寸 × 边长的布条

  继续裁成 2 个 4×8.5 英寸的窗户布片。

- 从裁剩下的四开裁布块裁出：2 个 6×3.5 英寸的窗户布片，2 个 4×5.5 英寸的窗户布片。

拼布区块

天文馆

区块尺寸：14.5×14.5 英寸

拼布尺寸：68×68 英寸

由伊丽莎白·哈特曼制作与机绗。

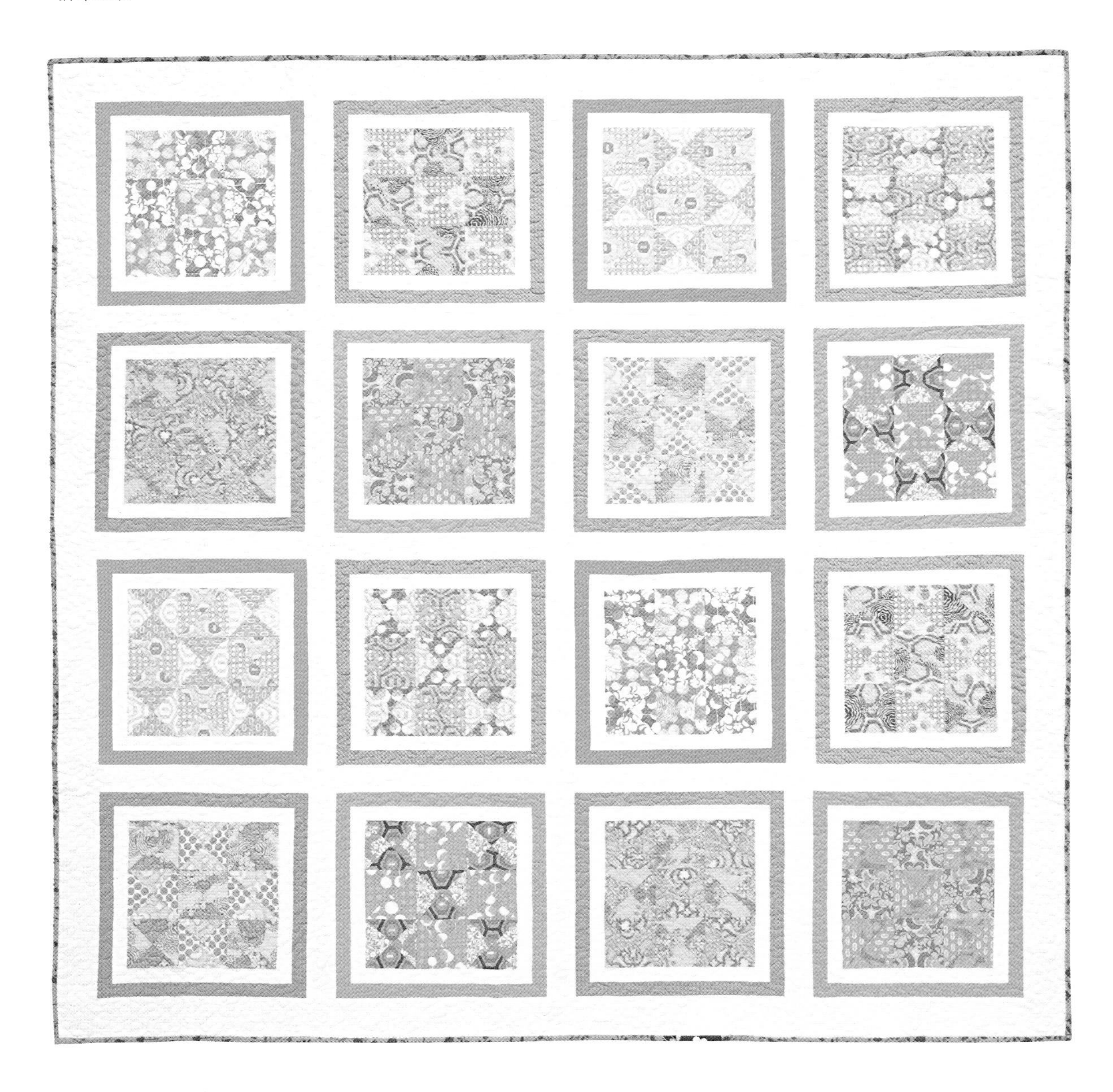

一般来说，诸如红色、橙色、黄色这些暖色调在色彩组合里面会显得突出，而绿色、蓝色和紫色这些冷色调则不那么抢眼。这个拼布作品正是利用了这两组颜色的对比效果。

这个作品的特色在于传统的**沙漏图案**。沙漏图案是由等腰直角三角形构成的，由此就可以看出它的裁剪方法，即将 1 个正方形沿着两条对角线，切割成 4 个三角形。

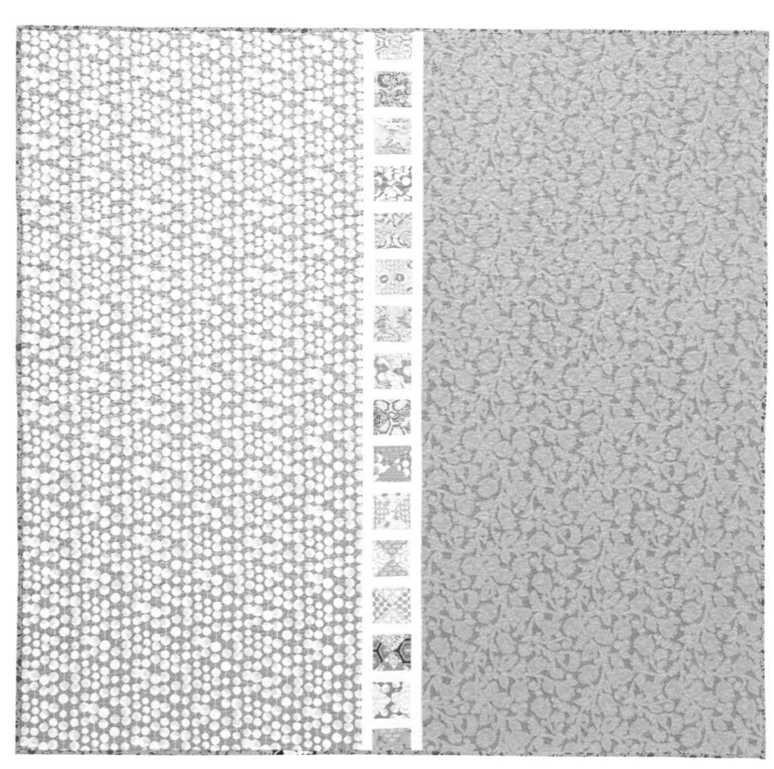

里布

材料

如无特别说明，幅宽至少 40 英寸。

沙漏图案：

80 个 5×5 英寸的暖色印花方块布

80 个 5×5 英寸的冷色印花方块布*

用于区块边框：2 种暖色和 2 种冷色的搭配色纯色布料，各 1/2 码

用于区块边框、肩条、里布：中性纯色布料，3 1/4 码

里布：1 种暖色和 1 种冷色印花布，各 2 1/4 码

滚边：5/8 码

铺棉：72×72 英寸

*关于 5×5 英寸的方块布，见第 10 页“预先裁好的方块”。

裁剪说明

5×5 英寸的方块：

- 将 80 个方块裁剪成等腰直角三角形，参见“区块制作”（右边）。

搭配色纯色布料：

从每种纯色布料上裁出：

- 8 个 1.5 英寸 × 幅宽的布条

  每个布条继续裁成：1 个 1.2×13 英寸的布片，1 个 1.5×15 英寸的布片，用于制作区块边框。

中性纯色布料*：

3 码的布料，按以下顺序裁剪：

- 11 个 1.5 英寸 × 幅宽的布条

  继续裁成：共 32 个 1.5×11 英寸的布片，用于制作区块的内框架。

- 11 个 1.5 英寸 × 幅宽的布条

  继续裁成：共 32 个 1.5×13 英寸的布条，用于制作区块的内框架。

- 从剩余布料裁出 10 个 2.5 英寸 × 布长的布条

  留出 5 个布条用作拼布表布的长肩条，另外 5 个布条，裁成 20 个 2.5×14.5 英寸的布片，用作表布的短肩条。

- 从剩余布料裁出 2 个 1.5 英寸 × 布长的布条，用于制作里布
- 从剩余布料裁出 15 个 1.5×4 英寸和 2 个 3×4 英寸的布片，用于制作里布

里布布料：

- 修剪布边，将布料修整成 36×76 英寸。

滚边布料：

- 裁出 8 个 2.5 英寸 × 幅宽的布条。

*这个设计方案用到很多不同的肩条布片，如果没有进行标记，估计很难分得清楚。所以，你在裁剪纯色布料的时候，要将同样规格的布片分堆，用标签或便签标注好尺寸。

制作区块

如无特别说明，所有缝份都是 1/4 英寸，并向两边烫开。

制作沙漏单位

1．如图所示，将每个预先裁好的 5×5 英寸的暖色方块沿着两条对角线，切割成 4 个等腰直角三角形。

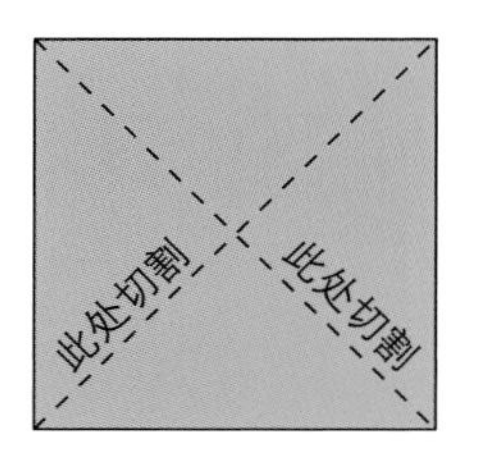

2．将等腰直角三角形进行分类，整理成 80 组，每组 4 个，每组包含 2 种暖色调印花布各 2 个。

3．以上 80 组的三角形印花布，将每组印花布按以下图示拼接：先沿着切割边缘，缝合成 2 个较大的拼接三角形，再将拼接三角形缝合，中间的缝份对齐。

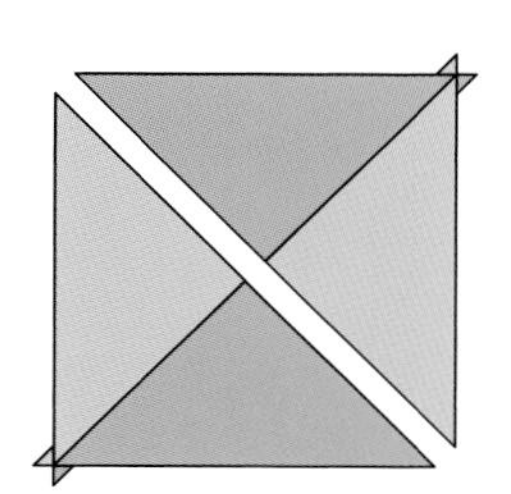

小贴士

斜纹裁剪的布料，比如这个作品中等腰直角三角形的短边，是伸缩性很大的，缝合时要慢慢来，用很多别针来保持缝份笔直。

4．从中心向各边量 2 英寸，然后把 80 个暖色调的沙漏单位修剪成标准的 4×4 英寸的正方形。

5．重复 1~4 的步骤，把 80 个冷色调的方块布制作成 80 个冷色调的沙漏单位。

6．将 8 个暖色调和 8 个冷色调的沙漏单位放到一旁，用于制作里布。

制作大区块

1．把剩下的 144 个沙漏单位分成暖色调和冷色调各 8 组，每组含 9 个沙漏单位。将这 9 个一组的沙漏单位 3 个缝成一排，再将三排缝合。完成后的 16 个大区块，便是拼布区块的中心组成部分。

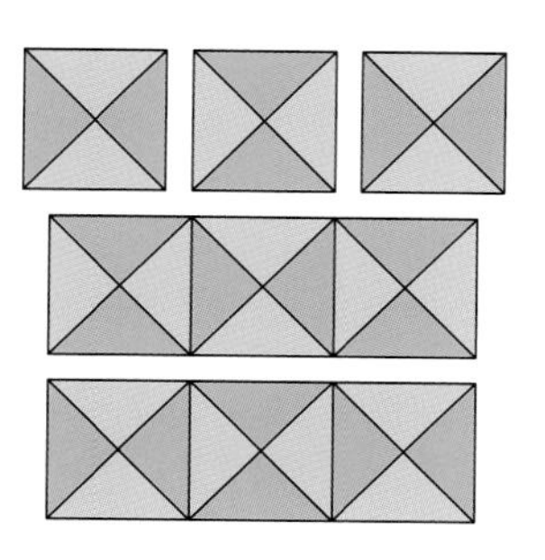

2．把 1.5×11 英寸的中性纯色布条缝到上述大区块的顶端和底端，然后再将 1.5×13 英寸的布条缝合得到左右两边，就做好了大区块的内框架。

3．把这些带框架的大区块分组，暖色调和冷色调各 2 组，每组含 4 个大区块。

4．把 1.5×13 英寸和 1.5×15 英寸的搭配色纯色布片分配到上一步中分好的各组中。每个分组中，采用不同颜色的纯色布料来做外框架。暖色调的纯色布与暖色调的区块搭配，冷色调的纯色布与冷色调的区块搭配。

5．将 1.5×13 英寸的搭配色纯色布条缝到大区块的顶端和底端。接着缝合 1.5×15 英寸的搭配色纯色布片到左右两边。刚刚的 16 个大区块就有了一个外框架。

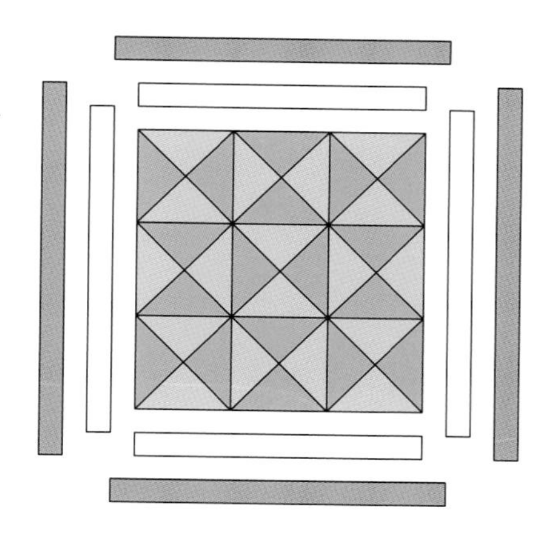

小贴士

在缝合好每个纯色框架后，要把区块各边修剪成直角，这样才能保证拼接的准确。

制作表布

1. 将大区块摆放成 4 个横排，每排 4 个，交替采用暖色和冷色的区块。

2. 如表布组合图所示，每排区块之间以及两端用短肩条布，各排以及表布顶端和底端用长肩条布，先缝合每一横排的各个区块，再缝合各横排。修剪各边多余的肩条长度，使表布形成 1 个 68.5×68.5 英寸的正方形。

表布组合图表

制作里布

1. 如里布组合图表所示，把 16 个沙漏单位拼接成一排，交替采用暖冷色调的区块，单位与单位之间缝合上 1.5×4 英寸的中性纯色肩条布片。

2. 在拼接好的沙漏布条的两端缝上 3×4 英寸的中性纯色布片。然后再在左右两个长边上缝合 1.5 英寸宽的中性纯色长条肩条，最后修剪掉多余长度。

3. 将准备好的 2 块里布布料缝合到两边，完成里布制作。

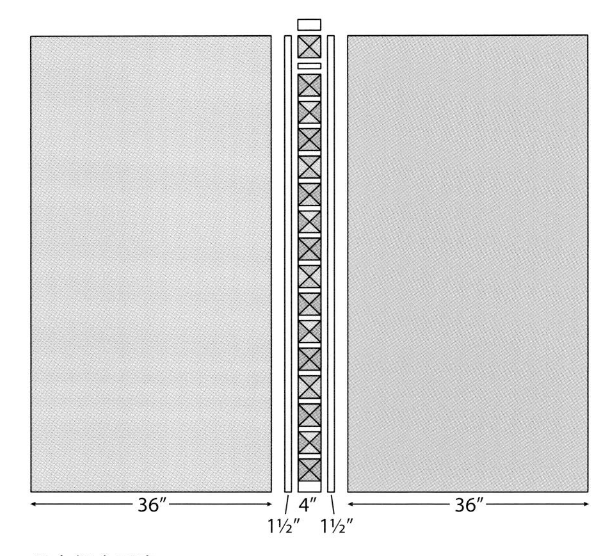

里布组合图表

完成拼布

按照拼布制作步骤（第 25~44 页），做拼布三明治、绗缝、滚边，完成拼布。

其他效果

简约风格

可以不对冷暖色调的印花布料进行分组，而是用中性纯色布料制作沙漏单位的其中一半，这样的话，拼接的三角形效果会显得很突出。就这个拼布作品的大小，需要 80 个各式印花布方块，以及 80 个中性纯色方块。（所以，你需要的纯色布料要多出 $1\frac{1}{2}$ 码。）

搭配色纯色布料的颜色，可以依据所用印花布中你最喜欢的四种花色来选择。

只用两种颜色

这个图案也适合采用只有两个色系的布料。从每色布料裁出 80 个方块，就可以做成 160 个沙漏单位。（每个沙漏单位会用到每色布料的 2 个三角形。）

不需 4 种搭配色纯色布，而是采用这 2 个色系的纯色布料各 $\frac{7}{8}$ 码。从这 2 色布料上各裁剪出 16 个搭配区块框架的布片，用于各一半的区块。

拼布区块

小叶子

区块尺寸： 12×12 英寸

拼布尺寸： 48×48 英寸

由伊丽莎白·哈特曼制作与机绗。

这个拼布作品的叶形**贴花**是很容易机缝做出来的，在区块缝合之后，营造出虽复杂却不失可爱的效果。用轻量黏合衬将“叶子”固定在某个位置，然后用锁扣眼的方法或者缎面绣将叶子永久固定。

要达到这个图案的最佳效果，最好使贴花的印花布料与中性纯色区块形成鲜明对比。

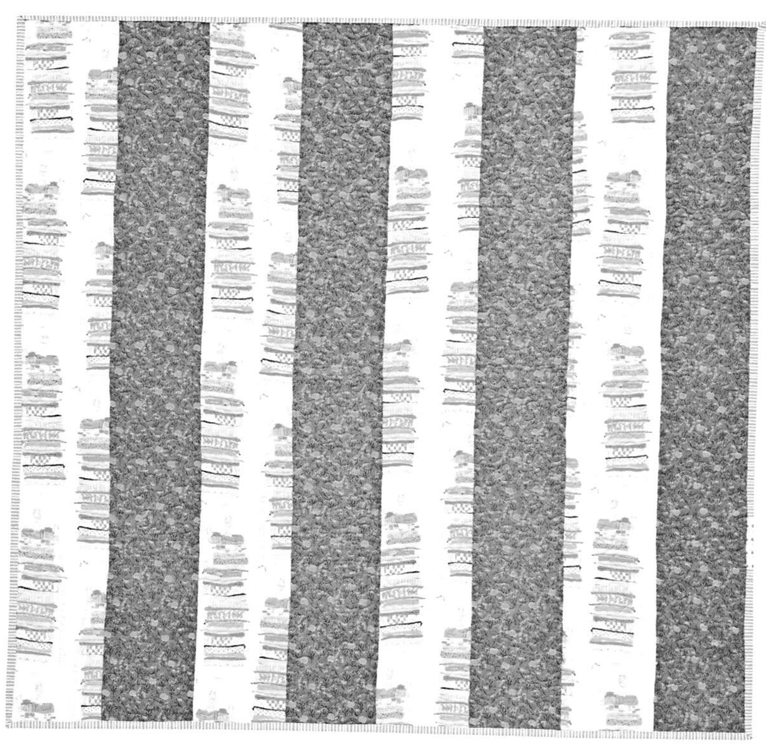

里布

材料

如无特别说明，幅宽都是至少 40 英寸。

叶子贴花：需 16 种不同的印花布片*，每种大概 10×10 英寸

区块背景：需白色或浅色的中性纯色布料 $2\frac{1}{4}$ 码

里布：2 种不同的印花布，各 $1\frac{3}{4}$ 码

滚边：$\frac{1}{2}$ 码

铺棉：52×52 英寸

17 英寸宽的轻量贴纸黏合衬（我用的是 HeatnBond Lite。）

零碎的纸板或塑料片（比如麦片粥的包装盒或干净的酸奶盒盖）用作模板

*更多布料选择及裁剪说明，见第 93 页。

小贴士

在购买黏合衬的时候，要记得购买轻量型的（或标注“lite”的）产品。重量的黏合衬不是用于缝纫机的，会黏住机缝针。

裁剪说明

叶子贴花布料：

处理叶子贴花的方法详见下文“制作贴花”部分。

中性纯色布料：

用于区块背景，裁出：

- 6 个 12.5 英寸 × 幅宽的布条

  继续裁成共 16 个 12.5×12.5 英寸的正方形。

里布布料：

- 先将每种布料修剪掉布边，然后修剪成 56 英寸长。

  继续裁成 1 个 10.5×56 英寸的布条，3 个 6.5×56 英寸的布条。

滚边布料：

- 裁出 6 个 2.5 英寸 × 幅宽的布条。

制作贴花

1. 用复印机或透写桌，将第 94 页上的叶子模板复制到纸上。剪出复写纸上的形状，把模板的形状描绘到零碎的纸板或塑料上，做出可重复使用的叶子贴花模板，大尺寸和小尺寸各 1 个。

2. 把黏合衬裁成 16 片，每片尺寸为 9×9 英寸。按照厂家的说明，熨烫到布片的背面。

3. 在每片黏合衬的纸上，用模板和铅笔绘出 12 个大的花瓣和 12 个小的花瓣。

小贴士

黏合衬上的纸可能会使你的拼布剪和轮刀刀片变钝。在开始裁剪贴纸黏合衬之前，收回轮刀的刀片，备一把用于剪纸的剪刀。当轮刀刀片太钝，不再适合裁剪布料时，也可以用于剪纸，所以那些旧的刀片是可以继续用于这个拼布作品的制作的。（不过要记得对不同的刀片进行标注。）

4. 沿线剪出大小叶子贴花，根据印花进行整理。

5. 将贴花分类整理成 16 组，每组中含 12 个大的叶子和 12 个小的叶子。每组总共 24 个贴花，做成一个区块。在将它们粘合到背景布料上之前，用信封或塑料袋装好。

制作区块

如无特别说明，所有缝份都是 1/4 英寸，并向两边烫开。

标注贴花的位置

确定贴花位置方法很多，你可以试试以下方案：

- 以第 94 页上的图样作为参考。
- 用黑色标注笔在一张 12.5×12.5 英寸的纸上，利用贴花模板，画出自己的贴花图样。
- 跳过画贴花图样，在每一区块即兴安排贴花位置。（如果你想要这么做，你也同时省去了“黏合和缝合贴花”中的步骤 1.）

小贴士

在将贴花放置到背景区块上时，要注意留出缝份位置。贴花的位置至少要离开边缘 3/8 英寸，避免贴花与缝份重叠。

黏合和缝合贴花

1．把贴花图样放到熨衣板上，然后在上面放好 12.5×12.5 英寸的背景区块。（透过浅色的布料你应该可以看得到图样上的贴花位置。）

小贴士

在使用黏合衬时，可以在熨衣板的表面铺上一块碎布，或软棉布，或一块铁氟龙压片，防止粘合剂残留在熨衣板上。

2．将一组贴花上的纸撕去，按照图样上的位置放置。（如果没有图样就即兴摆放。）

3．用一片碎布或软棉布保护好区块，然后用快速的喷汽和轻压慢慢将贴花熨平固定。拿开软棉布，翻转区块，从背后熨烫。

这一步要确保将贴花牢牢地粘合固定。如果贴花看上去仍然松松垮垮，就再一次重复上面的步骤，在熨烫时加大点压力，直到确保已经牢固。

4．给缝纫机换上新的机缝针，设置为机绗贴花。根据机器的情况，也许会采用缎面绣、扣眼绣，或者只是简单传统的小之字形绣。如果你从没有做过机绗贴花，我建议你先在碎布头上试试不同的针法，再选择你喜欢的。

小贴士

为了达到和谐的效果，避免多次换线，机绗贴花的线最好与区块的中性纯色背景相匹配。

5．从贴花的右边缘中心部分开始机绗。针起步时刚好在贴花边缘外的右手边，机绗开始后慢慢用针步包住贴花的边缘。需要时可以抬起压脚来转动区块。不过在抬起压脚转动区块之前，针始终要处在落下的位置。

6．在每个转角处，针刚好在贴花边缘外起步（同样是在右手边）。抬起压脚，转动区块，然后继续缝纫。

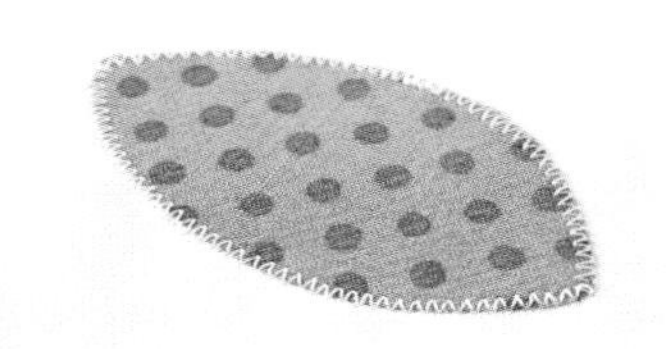

7．当你回到起点的时候，回缝几针，然后从缝纫机上取下拼布，用镊子钳或拆线刀将松了的线拉到背面，修线，然后继续机绗下一个贴花。

小贴士

在凸曲线和凸角处旋转（这些叶子状贴花的其他部分也一样），针必须落在贴花外的右手边。如果你尝试的贴花图形是有凹曲线和凹角的，则反之，针要落在贴花内的左手边。

制作表布

将区块排成 4 横排，每排 4 个，交替旋转区块，在区块的相交部分会形成一个喷发中心图案。将每排的区块缝合，然后将各横排缝合，完成表布制作。

表布组合图表

制作里布

1．将里布布料分别标识为 A 和 B。

2．如里布组合图表所示，沿着长边把 6.5 英寸的布条缝合，印花布的交替顺序如下：A，B，A，B，A，B。

3．把 10.5 英寸的 B 布料缝合到里布的左边，10.5 英寸的 A 布料缝合在右边。

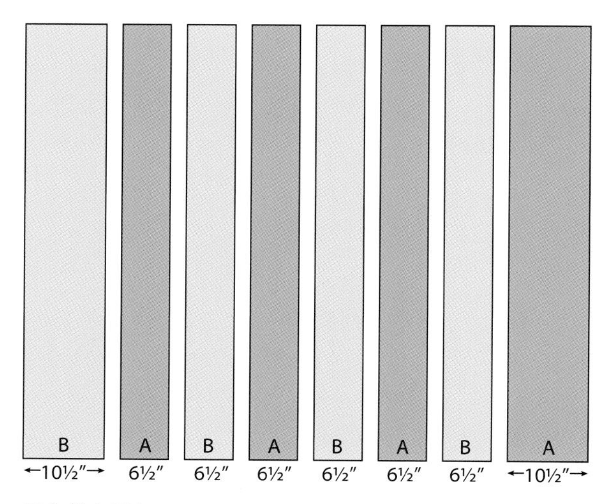

里布组合图表

完成拼布

按照拼布制作步骤（第 25~44 页），做拼布三明治、绗缝、滚边，完成拼布。

其他效果

魅力方块布

贴花的面积小，刚好适合使用 5×5 英寸的魅力方块布或布头。要制成这个尺寸的拼布，需要 64 个 5×5 英寸的方块。将黏合衬裁剪成 64 个 4.5×4.5 英寸的方块，然后再熨到每个方块布的背面。用每块方块做出 3 个大的和 3 个小的叶子贴花，再将叶子分成 16 组，分别包括大小叶子各 12 个。用这些组合制作出 16 个区块。

复古风

用糖果色复古风的被单裁剪出的贴花，放到白色的背景上，会有很突出的视觉效果。

更多布料选择

下面的印花布也可以用于贴花叶子：

8 种不同的印花布片，大约 10×18 英寸

- 把黏合衬裁成 9×17 英寸的 8 片，按照厂家说明，熨烫到布片背面。
- 在黏合衬的纸上，用模板和铅笔绘出 24 个大的花瓣和 24 个小的花瓣。
- 沿线剪出大小叶子贴花，根据印花进行整理。将贴花分类整理成 16 组，每组中含 12 个大的叶子和 12 个小的叶子。

贴花图样（放大 200%）

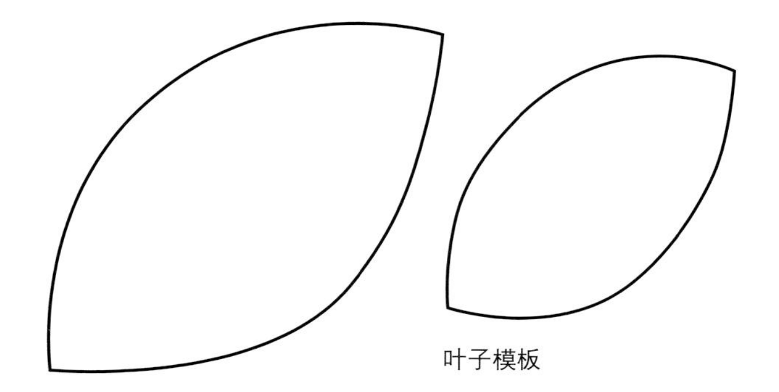

叶子模板

中级教程

《超级巨星》，伊丽莎白·哈特曼（参见第 104 页）

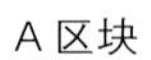
A 区块

B 区块

太阳黑子

区块尺寸：12×15 英寸

拼布尺寸：72×90 英寸

由伊丽莎白・哈特曼制作与机绗。

这个拼布作品实际上是对常见的“零乱”**小木屋**（Log Cabin）进行了一些改变，搭配上一些不规则的区块，以及突出的边框来营造出突出的视觉效果。改变还在于，在每一圈布片加上之后，会把区块稍微倾斜，然后修剪成直角，随后的布片又以不同的角度倾斜。

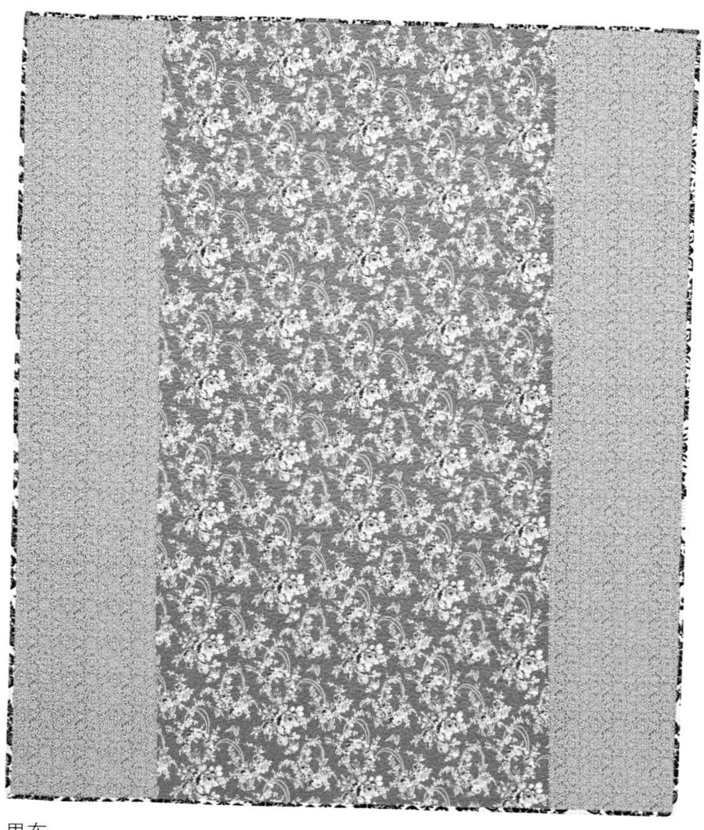

里布

材料

如无特别说明，幅宽至少40英寸。

区块：36种不同的印花布*，各3/8码

区块边框：6种不同搭配色纯色布料**，各1/2码

肩条：中性纯色布料5码

里布：大印花和小印花布料各2 3/4码

滚边：3/4码

铺棉：76×94英寸

整理卡片：36张

*更多印花布料选择及裁剪说明，见第103页。

**更多搭配色纯色布料选择及裁剪说明，见第103页。

裁剪说明

区块印花布料：

36 种印花布，从每一种裁出：

- 2 个 2.5 英寸 × 幅宽的布条
- 1 个 3×5 英寸的布片

从 1 个 2.5 英寸的布条裁出 4 个 2.5×9 英寸的布条，裁出的布条按每种印花 2 个布条一组。

从另 1 个 2.5 英寸的布条裁出 2 个 2.5×12 英寸的布条和 2 个 2.5×6 英寸的布条，同一花样和尺寸的 2 个布条为一组。

你现在用于制作区块的印花布条数目如下：

- 36 个 3×5 英寸的布片
- 72 对 2.5×9 英寸的布条
- 36 对 2.5×12 英寸的布条
- 36 对 2.5×6 英寸的布条

搭配色纯色布料：

用于制作区块边框，从每种布料上裁出：

- 8 个 1.5 英寸 × 幅宽的布条

每个布条继续裁成：3 个 1.5×13 英寸的布条。

共 24 个布条，分成 6 组，每组 4 个布条。

你现在有 36 组布条，每组 4 个 1.5×13 英寸的布条，用于制作区块边框。

中性纯色布料：

用于肩条，裁出：

- 6 个 13 英寸 × 幅宽的布条

继续裁成：共 72 个 3×13 英寸的短肩条布条。

- 6 个 16 英寸 × 幅宽的布条

继续裁成：共 72 个 3×16 英寸的长肩条布条。

里布布料：

- 修剪布边。
- 把小印花布料沿对折中缝裁成 2 个布块，每个大约是 20×99 英寸。

滚边布料：

- 裁出 9 个 2.5 英寸 × 幅宽的布条。

制作区块

如无特别说明，所有缝份都是 1/4 英寸，并向两边烫开缝份。

A 区块与 B 区块分别需 18 个。这两种区块实际上是一样的，只是“倾斜”的方向相反。

布料分类整理

把裁好的布料用 36 张整理卡片进行分类。每张卡片下收好以下的布片：

1 个 3×5 英寸的中心布片

1 对 2.5×6 英寸的印花布条

2 对 2.5×9 英寸的印花布条（各 2 种印花）

1 对 2.5×12 英寸的印花布条

4 个 1.5×13 英寸的搭配色纯色布条组

2 个短肩条布条和 2 个长肩条布条

每个区块最好包括 5 种不同的印花布。在你对布料进行分类整理的时候，要记得 2.5×6 英寸的布条和 1 对 2.5×9 英寸的布条会共同构成区块中心部分的第一圈，而 2.5×12 英寸的布条和另一对 2.5×9 英寸的布条会构成第二圈。

A区块

1．从 1 张整理卡上，取出 3×5 英寸的中心布片，2.5×6 英寸的 1 对印花布条，以及 1 对 2.5×9 英寸的印花布条。

2．将 2.5×6 英寸的布条缝到中心布片的顶端。修剪掉多余的布料，使其左右两边与中心布片的边缘对齐。

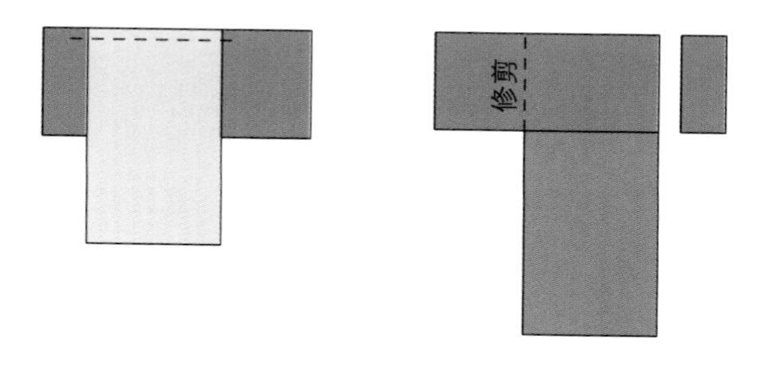

3．将 2.5×9 英寸的布条缝到区块的右边，同样地将上下两端修剪至对齐。

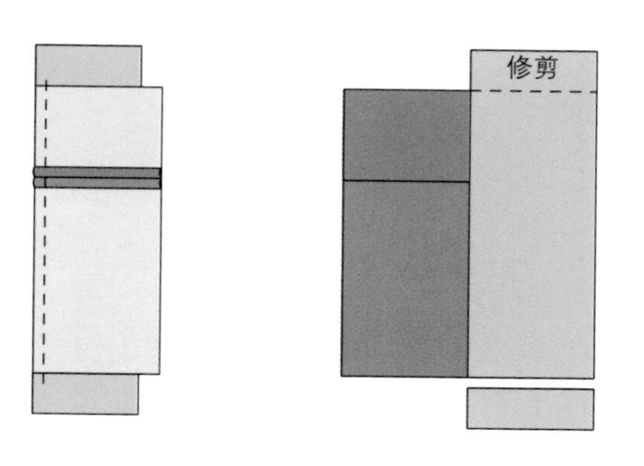

4．重复缝合和修剪的步骤，把另外的 2.5×6 英寸的布条缝到区块底端，2.5×9 英寸的布条缝到区块左边。

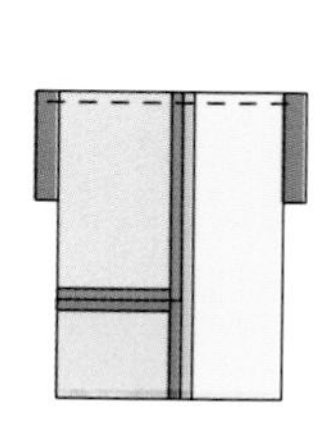

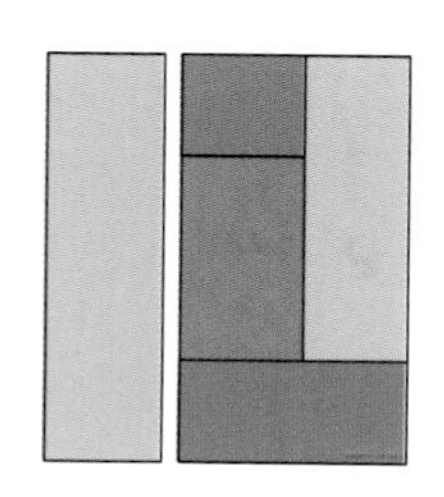

小贴士

拼接的时候，你会注意到，有些 2.5 英寸长的布条比你需要的长。你可以灵活处理，使布条的摆放最好地突出印花的效果。

5．把区块放到切割垫板上，稍稍使其向左倾斜（大概 3 度），这样的话，区块的缝份与切割垫板上的网格并不对齐。修剪区块成 6×8 英寸，沿着平行于垫板上网格线的方向进行裁剪。修剪过的区块应该是个标准的长方形，之前缝合时的缝份与区块的各边不再是平行的。

一开始可能有点棘手。不过，一旦掌握好裁剪时的倾斜度，做起来就顺手了。

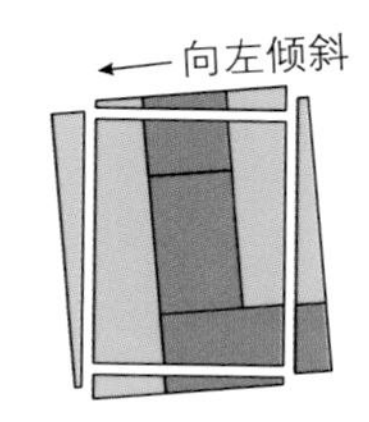

6．现在，把剩下的 2.5×9 英寸和 2.5×12 英寸的布条缝合到区块上。用刚才的方法，把 9 英寸的布条缝到顶端，12 英寸的布条缝到右边，另外的 9 英寸的布条缝到底端，12 英寸的布条缝到左边。缝合后修剪掉多余的布料。

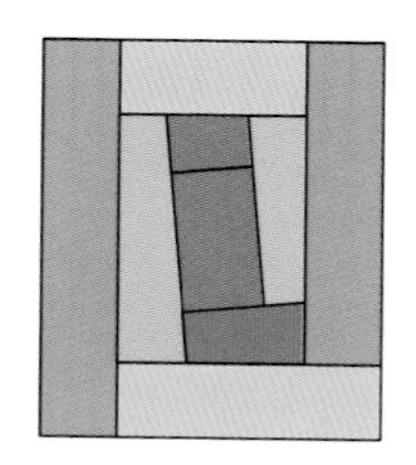

7. 把区块放到切割垫板上，稍稍向右倾斜（大概3度），这样的话，区块的缝份与切割垫板上的网格并不对齐。修剪区块成9×11英寸，沿着平行于垫板上网格线的方向进行裁剪。如上，修剪过的区块应该是个标准的长方形，只是缝合第二圈时的缝份与区块的各边不是平行的。

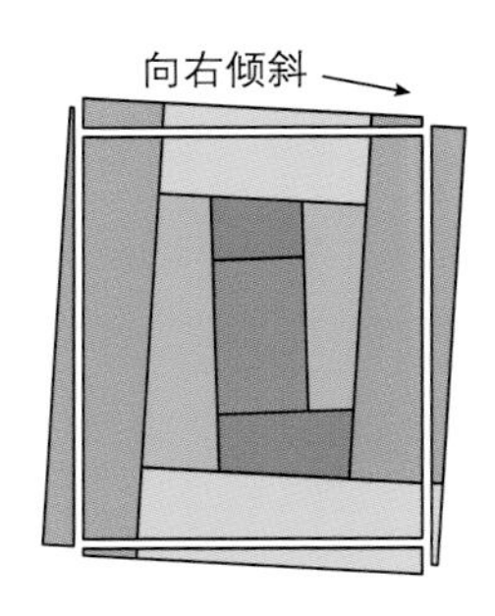

8. 在区块的各边缝上1.5×13英寸的搭配色纯色布条，修剪多余的长度。从缝份处（与区块连接处）开始量，将纯色布条修剪成1英寸宽。

小贴士

因为太窄的布条在缝合和熨烫的过程中非常容易歪斜，我觉得宁可稍微增加宽度，缝合好再修剪掉多余部分。

9. 用同样的方法，把3英寸的中性纯色肩条布条缝合到区块上，短肩条布条在顶端和底端，而长肩条布条则在左右两边。

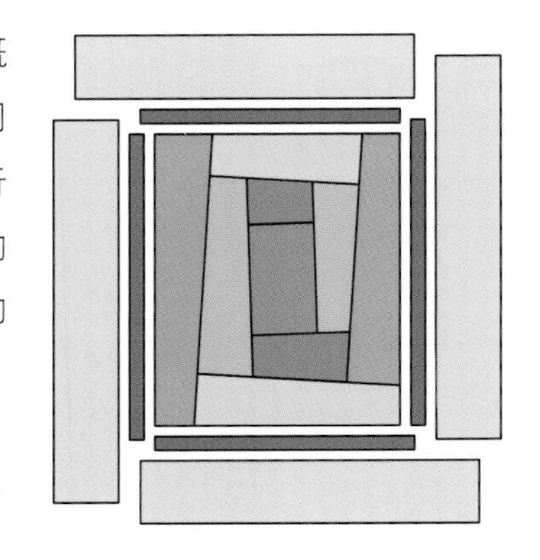

10. 把区块放到切割垫板上，稍稍使其向左倾斜（大概3度），这样的话，你刚刚缝合时的缝份与切割垫板上的网格并不对齐。修剪区块成12.5×15.5英寸，沿着平行于垫板上网格线的方向进行裁剪。像刚才一样，修剪过的区块应该是个标准的长方形，只是缝份与区块的各边不是平行的。

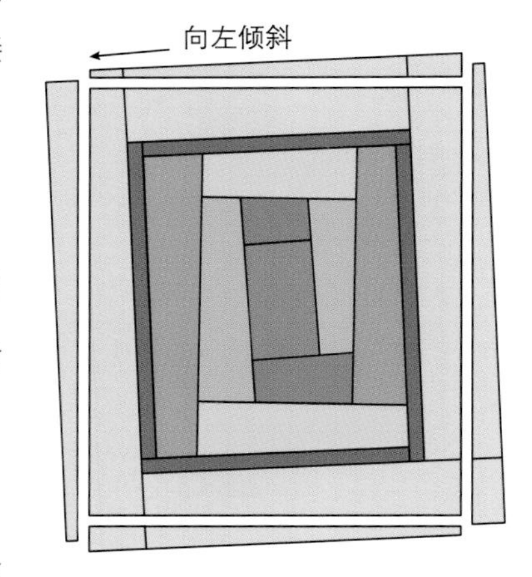

11. 重复1~10步骤，做出另外的17个区块，总共得到18个A区块。

B区块

制作 18 个 B 区块，方法与 A 区块的制作方法相同，只是在每一次的修剪后，倾斜区块的方向都是相反的。第一圈印花布是向右倾斜，第二次向左，而第三次的肩条圈则向右倾斜。

B 区块

A 区块

制作表布

如表布组合图表所示，将 36 个区块摆放成 6 横排，每排 6 个。按棋盘的图案，交替采用 A 与 B 区块。把区块缝合成横排，然后把各横排缝合，完成表布制作。

表布组合图表

制作里布

将 2 块小印花里布布料分别缝合到大印花里布布料的两个长边。

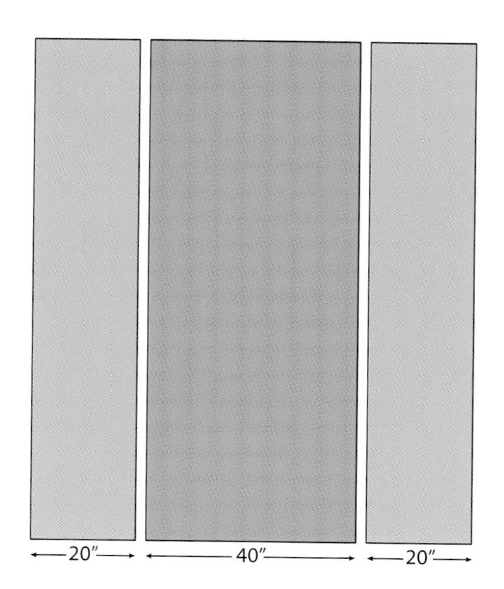

完成拼布

按照拼布制作步骤（第 25~44 页），做拼布三明治、绗缝、滚边，完成拼布。

其他效果

顽皮调子

用具有蜡笔颜色和几何图形的印花布制作，会有生动有趣的效果，适合装饰小朋友的床。

细腻感觉

这种比较低调的色调，比较适合于轻松的家居空间。

更多布料选择

印花布

以下是拼布区块印花布的替代选择方案：

选择 1：碎布头有了大用处！

共 36 个区块，每个区块需要以下布片：

1 个 3×5 英寸的中央布片（可用取图裁剪法）

2 个 2.5×6 英寸的搭配色印花布 1

2 个 2.5×9 英寸的搭配色印花布 2

2 个 2.5×9 英寸的搭配色印花布 3

2 个 2.5×12 英寸的搭配色印花布 4

选择 2：买裁好的现成布料！

36 个预先裁好的 5×5 英寸的方块布，以及 2 个预先裁好的 2.5 英寸的布条卷，每卷至少要有 36 个布条

- 将每个 5×5 英寸的方块裁成 3×5 英寸。
- 将 36 个 2.5 英寸的布条裁成 4 个 2.5×9 英寸的布片。将裁好的布条配对，同样印花的 2 个布条放在一起。
- 将剩下的 36 个 2.5 英寸的布条裁成 2 个 2.5×12 英寸的布片，以及 2 个 2.5×6 英寸的布片。将裁好的布条配对，同样印花的 2 个布条放在一起。

选择 3：18 种印花布，各 1/2 码

从这 18 种印花布上，分别裁出：

- 4 个 2.5 英寸 × 幅宽的布条

  其中 2 个裁成：4 个 2.5×9 英寸的布片（总共 8 个），裁好的布条配对，同一印花的 2 个布条成一对。

  另外 2 个裁成：2 个 2.5×12 英寸的布片（总共 4 个），2 个 2.5×6 英寸的布片（总共 4 个）。裁好的布片配对，同样印花的 2 个相同大小的布片成对。

- 2 个 3×5 英寸的布片

搭配色纯色布料

以下是用于区块边框的搭配色纯色布料的替代选择方案：

3 种不同的搭配色布料，各 3/4 码

从每种布料分别裁出：

- 16 个 1.5 英寸 × 幅宽的布条

  每个布条裁成：3 个 1.5×13 英寸的布片，以上布片分成 12 组，每组 4 个布片。

3 种布料都裁好后，你手头的用于区块边框的搭配色纯色布料如下：

36 组，每组 4 个布条（即每种布料有 12 组）

超级巨星

区块尺寸：12×12 英寸

拼布尺寸：96×96 英寸

由伊丽莎白·哈特曼制作与机绗。

A 区块

B 区块

这个作品很好地融合了几个传统的拼布图案。整体上采用了**锯齿星图案**。每个星星区块的中间部分是**嵌套方块**图案，而锯齿星的各个角是另一种传统工艺——**飞雁**（Flying Geese）。这个作品的制作方法，将教会你一个捷径，用 1 个长方形和 2 个正方形完成拼接飞雁区块的各个角。

传统的星星图案，通过时尚的色彩搭配，再加上大量中性纯色布料的使用，会做出很新潮的感觉。有了现成的四开裁布块，这个作品会变得无比简单，每 2 个区块组合用 1 个纯色和 1 个印花的这种布块，大小调整也变得非常容易。

里布

材料

如无特别说明，幅宽至少 40 英寸。

区块：不同印花布料*，32 个四开裁布块

区块：中性纯色布料，8 码，裁成 32 个四开裁布块

里布：2 种印花布料，每种 3 码

里布：中性纯色布料，3 码

滚边：7/8 码

铺棉：100×100 英寸

整理卡片：64 张

* 更多布料选择及裁剪说明，见第 111 页。

裁剪说明

区块布料的裁剪和整理

每个印花布四开裁布块和每个纯色四开裁布块配对，做出 2 个区块。每个区块都是用同样的方法拼接，只是纯色和印花布料的摆放位置不同。在 A 区块中，星星的各个角是由中性纯色布料制作，而 B 区块中星星的各个角则是由印花布制作。

按以下要求裁剪和分组将会事半功倍。只要一步一步照着做，清楚明白，不会乱！

1. 每 1 个印花四开裁布块和 1 个纯色四开裁布块配成 1 对，在切割垫板上重叠放置，两个布块同时裁切。

2. 从上一步中的 2 个四开裁布块，裁出：

 • 2 个 3.5 英寸 × 布长的布条

 每个布条继续裁成：5 个 3.5×3.5 英寸的方块。

 • 2 个 3.5 英寸 × 布长的布条

 每个布条继续裁成：1 个 3.5×3.5 英寸的方块，2 个 3.5×6.5 英寸的长方形，1 个 2.5×2.5 英寸的方块（这种方块只从印花布上裁剪）。

3. 以下布片，分组到 A 区块整理卡片上：8 个 3.5 英寸的纯色方块，4 个 3.5 英寸的印花方块，4 个 3.5×6.5 英寸的长方形印花布片，1 个 2.5 英寸的印花方块。

4. 以下布片，分组到 B 区块整理卡片上：4 个 3.5 英寸的纯色方块，8 个 3.5 英寸的印花方块，4 个 3.5×6.5 英寸的长方形纯色布片，1 个 2.5 英寸的印花方块。

5. 继续裁剪第 1 步的 1 对四开裁布块的剩余布料，裁出：

 • 2 个 1.5 英寸 × 布长的布条

 其中 1 个布条继续裁成：2 个 1.5×2.5 英寸的布片，2 个 1.5×6.5 英寸的布片。

 另 1 个布条则裁成：4 个 1.5×4.5 英寸的布片。

6．以下布片，分组到 A 区块整理卡片上：2 个 1.5×2.5 英寸的纯色布片，2 个 1.5×4.5 英寸的纯色布片。

7．以下布片，分组到 B 区块整理卡片上：2 个 1.5×4.5 英寸的纯色布片，2 个 1.5×6.5 英寸的纯色布片。

8．把剩下的 1.5 英寸的印花布片放到一边备用。（等所有裁剪完成后，这些印花布片会整体分配到每个区块，以便为每个区块增加一种印花。）

9．重复步骤 1 ～ 8，将剩下的 31 对印花和纯色四开裁布块进行裁剪，并用同样方法进行分组，将各种布片放到 A 区块和 B 区块整理卡片上。

剩余 1.5 英寸印花布片的分配

你既可以随意分配，也可以按照下面的说明进行细致的分配。

1．把以下印花布片放到每个 A 区块整理卡片上：2 个 1.5×4.5 英寸的布片，2 个 1.5×6.5 英寸的布片。

2．把以下印花布片放到每个 B 区块整理卡片上：2 个 1.5×2.5 英寸的布片，2 个 1.5×4.5 英寸的布片。

小贴士

如果每个区块上的两种印花布能够形成对比，整个图案会更加好看。为了达到这个效果，我在分配 1.5 英寸的布片时，会尽可能地让每个区块都同时包括红色和蓝色的印花布。

裁剪里布和滚边布料

里布布料：

- 将 2 种印花布和 1 种中性纯色里布布料分别修剪成 104 英寸长。
- 将 2 种印花布的布边修剪掉，分别裁成 36.5×104 英寸。
- 将中性纯色布料的布边修剪掉，然后裁成：2 个 12.5×104 英寸的布条，1 个 8.5×104 英寸的布条。

滚边布料：

裁出 10 个 2.5 英寸 × 幅宽的布条。

制作区块

如无特别说明，所有缝份都是 1/4 英寸，并向两边烫开。

每个大的星星区块都是由传统的飞雁图案和嵌套方块图案组成。

制作飞雁图案

每个星星区块需要 4 个一模一样的飞雁图案拼布单位。

A 区块

A 区块采用中性纯色布料制作星星的各个尖角。

1. 将 1 个 3.5 英寸的纯色方块放到 3.5×6.5 英寸的印花长方形的上面，正面相对，将方块与长方形短边对齐。用尺子以及水消笔或裁缝专用粉笔在 3.5 英寸方块上画出一条对角线。沿着画线进行缝合，将缝份修剪成 1/4 英寸，然后烫开缝份。

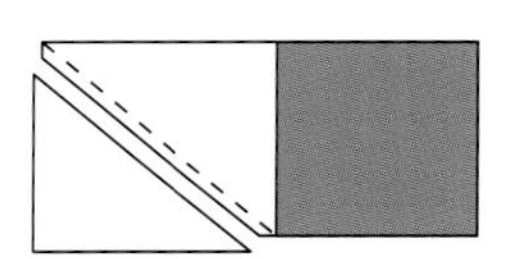

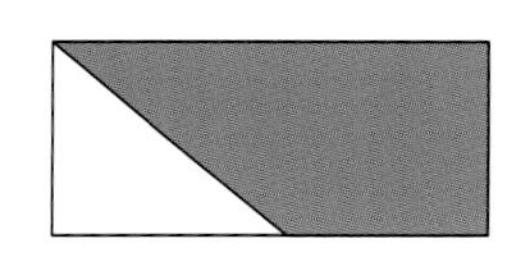

2. 将另一个 3.5 英寸的方块放到长方形的另外一端，画出对角线，进行缝合。（这个对角线应该与第一个对角线相交于区块的中心部分。）沿着画线缝合之后，将缝份修剪成 1/4 英寸，然后烫开缝份。

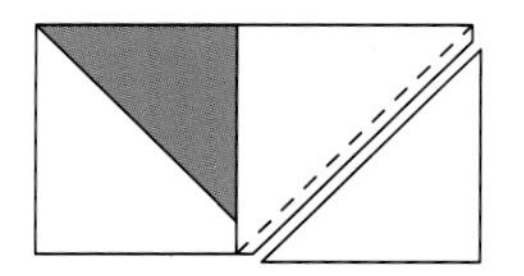

如果区块拼接正确的话，对角的缝线是应与顶角对准，并且在离区块底端的中间部分 1/4 英寸处相交。

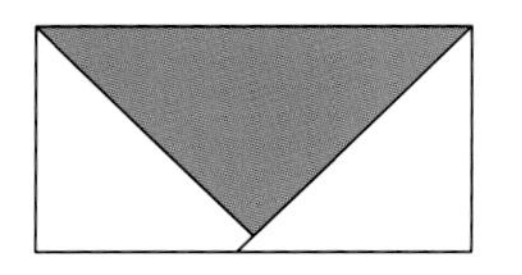

A 区块的飞雁拼布单位

3. 重复第 1 步和第 2 步，制作出 A 区块的另外 3 个飞雁拼布单位。总共有 32 个 A 区块，每 1 个 A 区块需要 4 个一模一样的飞雁拼布单位来做出中性纯色布料的星星尖角。

B 区块

B 区块采用印花布料制作星星的各个尖角。

继续采用制作 A 区块的基本步骤，制作出 32 个 B 区块上的飞雁拼布单位，只不过采用的布料换成中性纯色长方形布片和印花方块。

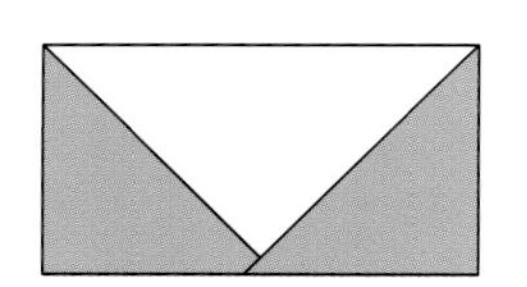

B 区块的飞雁拼布单位

小贴士

如果你觉得不需要先画出对角线，当然也可以直接缝合。我的个人经验是，沿着先画出的线进行缝合会更准确。如果省去这个步骤，速度当然会大幅提高。

制作嵌套方块单位

32 个 A 区块和 32 个 B 区块，每个区块各需要 1 个嵌套方块。

A 区块

这些区块中间部分是印花布，第一圈是纯色布料。

1. 将 1.5×2.5 英寸的纯色布片缝合到 2.5 英寸印花方块的顶端和底端，接着将 1.5×4.5 英寸的纯色布片缝到中间方块的两边，完成中间方块的纯色框架。

2. 将 1.5×4.5 英寸的印花布片缝合到顶端和底端，接着将 1.5×6.5 英寸的印花布条缝合到两边，完成 A 区块的嵌套方块拼布单位。做出 32 个这样的区块。

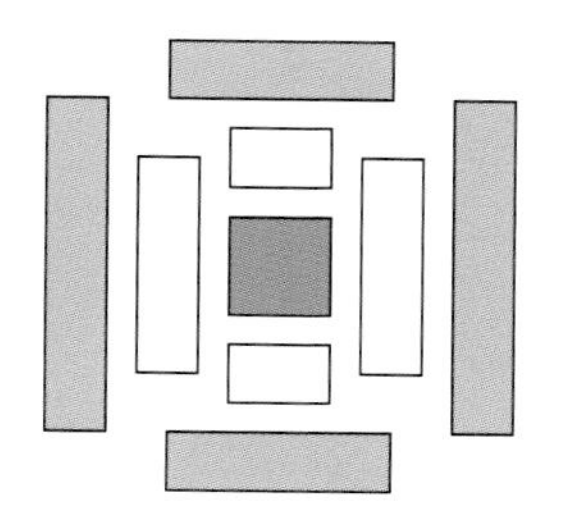

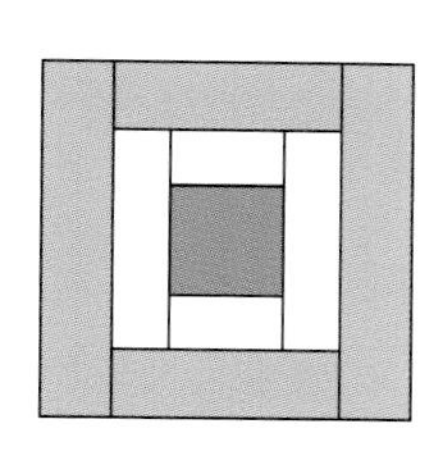

B 区块

这些区块中间部分是印花布，第一个框架也是印花布。

1. 将 1.5×2.5 英寸的印花布片缝合到 2.5 英寸印花方块的顶端和底端，接着将 1.5×4.5 英寸的印花布片缝到中间方块的两边，完成中间方块的印花框架。

2. 将 1.5×4.5 英寸的纯色布片缝合到顶端和底端，接着将 1.2×6.5 英寸的纯色布片缝合到两边，完成 B 区块的嵌套方块拼布单位。做出 32 个这样的区块。

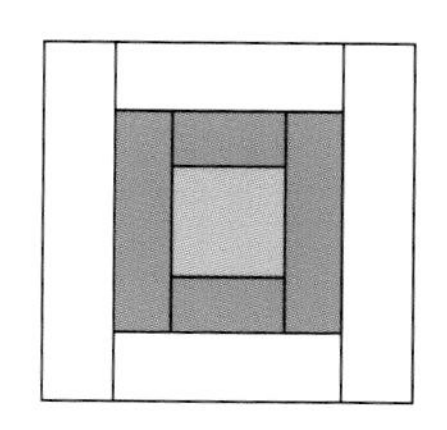

完成星形区块制作

每一个 A 区块和 B 区块分别需要 1 个嵌套方块单位，4 个飞雁单位，以及 4 个 3.5×3.5 英寸的方块。

1. 如星形区块组合图表所示，把 2 个飞雁单位缝合到嵌套方块单位的左边和右边，要确保星形的尖角从中心指向外。

2. 把 3.5 英寸的方块缝合到剩下 2 个飞雁单位的左边和右边，再分别缝合到中间部分的顶端和底端，同样要确保星形的尖角从中心指向外。

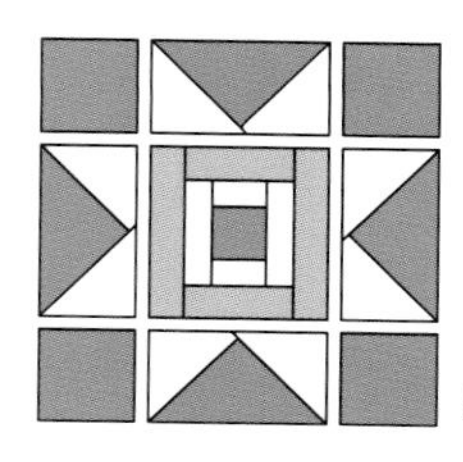

星形区块组合图表

3. 把区块修剪成 12.5×12.5 英寸的正方形。

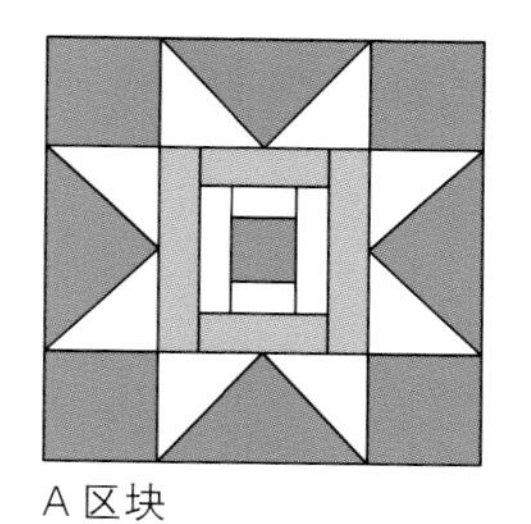

A 区块

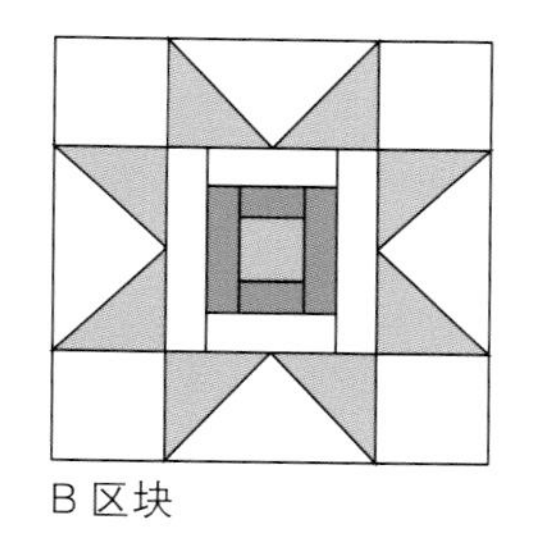

B 区块

小贴士

我之前已经提到（第 108 页），飞雁单位缝份的相交处是离区块边缘 1/4 英寸的地方。在把飞雁单位缝合到区块上时，1/4 英寸的缝份要对准中间点。同样地，你把整个区块缝合之后，星形的各个尖角也并不会延伸到区块的边缘上。在把区块缝合起来的时候，也要注意将缝份与这些点对齐。

制作表布

把区块按照 8 个横排，每个横排 8 个区块的方式排列，交替取 A 区块和 B 区块，先缝合每横排的 8 个区块，再把 8 个横排缝合，完成拼布表布制作。

拼布表布组合图表

制作里布

按照拼布里布组合图表所示，把 36.5×104 英寸的里布印花布料缝合到 8.5×104 英寸的中性纯色布料两边，然后再将 12.5×104 英寸的纯色里布布条缝合到印花布的边上。

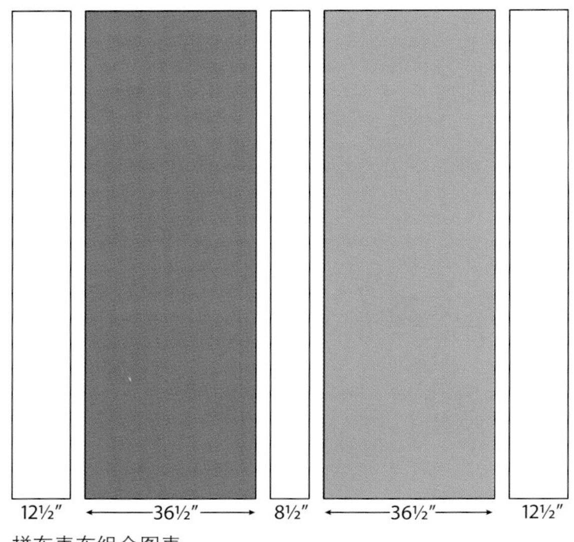

拼布表布组合图表

完成拼布

按照拼布制作步骤（第 25~44 页），做拼布三明治、绗缝、滚边，完成拼布。

其他效果

“超级巨星”区块的各组成部分本身就非常有趣，所以就用它们来组合也会有很生动的效果。

只用飞雁图案

“超级巨星”利用飞雁图案的小三角形这一元素，拼出锯齿星形效果，以上方案则是利用飞雁图案的长方形元素，最终形成树形效果。

只用嵌套方块

在这个方案中，我就像“超级巨星”图案那样重新编排布片。我运用 4 个单色嵌套方块，并分别在其中加一些其他色系的布片，达到鲜明的对比效果。

更多布料选择

下面是拼布区块印花布料的替代选择方案：

选择 1：16 种不同布料，各 1/2 码，每种布料裁成 2 个四开裁布块

选择 2：8 种不同的布料，各 1 码，每种布料裁成 4 个四开裁布块

拼布区块

小鸟戏水盆

区块尺寸：9×9 英寸

拼布尺寸：49×58 英寸

由伊丽莎白·哈特曼制作与机绗。

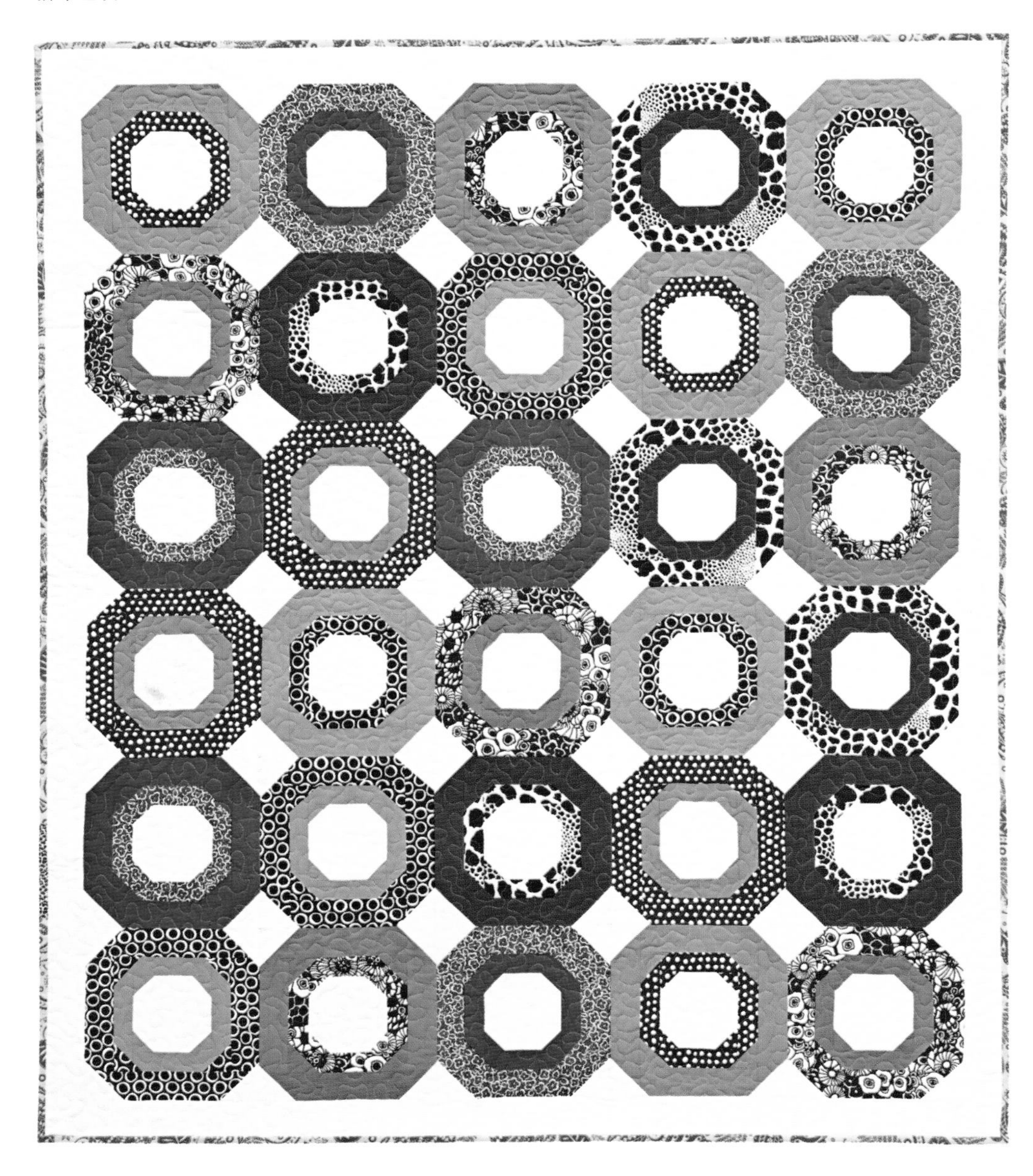

这个拼布作品用了传统的**雪球区块**（Snowball block）。雪球区块的基本元素其实就是圆角的方块。制作这些圆角，首先是在各个角落放上小方块，然后沿着对角线缝合，这种技巧与“超级巨星”拼布中飞雁单位的制作方法是一样的（第108页）。

在这个作品中，多层**圆圈嵌套**，形成同轴的圆圈。区块中心和整个拼布背景用中性纯色布料，最终形成有趣的多圈效果。

里布

材料

如无特别说明，幅宽至少40英寸。

区块：5种印花布和5种纯色布（一共是10种不同的布料）*，各 $^3/_8$ 码

区块、边缘、里布：中性纯色布料，2码

里布：印花或纯色布料，$1^2/_3$ 码

里布：另一种印花或纯色布料，$1^1/_8$ 码

滚边：$^1/_2$ 码

铺棉：53×62英寸

整理卡片：30张

*更多布料选择及裁剪说明，见第117页。

裁剪说明

区块的印花和纯色布料：

从每种布料上，裁出：

- 3个2英寸 × 幅宽的布条
- 3个1.5英寸 × 幅宽的布条

按以下方法继续裁剪：

- 从每1个2英寸的布条裁出：4个2×2英寸的方块，2个2×6.5英寸的布片，2个2×9.5英寸的布片。

  每1个布条裁出来的布片放在一个整理卡片上（共30张整理卡片）。

- 从每1个1.5英寸的布条裁出：4个1.5×1.5英寸的方块，2个1.5×4.5英寸的布片，2个1.5×6.5英寸的布片。

  每1个布条裁出来的布片放在一个整理卡片上，与刚刚裁出的2英寸的布片组合配对，确保每张卡片上各有2种不同的布料。剩下的布料留着，用于下一步。

- 从剩下的1.5英寸的布料上裁出：2个1.5×5.5英寸的布片，用了拼布里布。

中性纯色布料：

从2码的布料上裁出：

- 4个2.5英寸 × 布长的布条

  其中2个布条，修剪成2.5×45.5英寸，用于顶端和底端的边缘。

  另2个布条，修剪成2.5×58.5英寸，用于左右边缘。

  剩下的这些2.5英寸的布条留作下一步裁剪。

- 4个2.5英寸 × 布长的布条，与上一步剩下的2.5英寸的布条一起，裁出：120个2.5×2.5英寸的方块，用于区块各角。
- 2个4.5英寸 × 布长的布条

  继续裁成：30个4.5×4.5英寸的中央方块，用于区块。

- 2个1.5英寸 × 布长的布条

  每个布条修剪成1.5×55.5英寸，用于里布。

里布布料：

- 里布布料1⅔码，修掉布边，然后修剪成55.5×40英寸。
- 里布布料1⅛码，修掉布边，然后裁成2个18×40英寸的布条。

滚边布料：

- 裁出6个2.5英寸 × 幅宽的布条。

制作区块

如无特别说明，所有缝份都是¼英寸，并向两边烫开。

每1张整理卡片上的1.5英寸和2英寸布片的组合，与1个中性纯色中央方块，以及4个中性纯色各角方块一起，拼接成1个区块。按以下步骤制作每个区块：

1. 在4.5×4.5英寸的中性纯色中央方块4个角落分别放上1.5×1.5英寸的印花方块，四角对齐，正面贴在一起。

2. 用尺子和水消笔或者裁缝用粉笔在每个1.5英寸的方块上画出对角线，使之变成1个八边形。

3. 沿着画线，把小方块缝合到大方块上。修剪4个角，使其缝份在¼英寸以内，把区块修剪齐整，成4.5×4.5英寸。

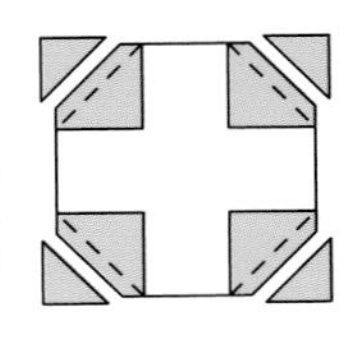

4. 把来自同一印花布的1.5×4.5英寸的布条缝

合到区块的顶端和底端。然后将 1.5×6.5 英寸的布条缝合到左右两边。把区块修剪齐整，成 6.5×6.5 英寸。

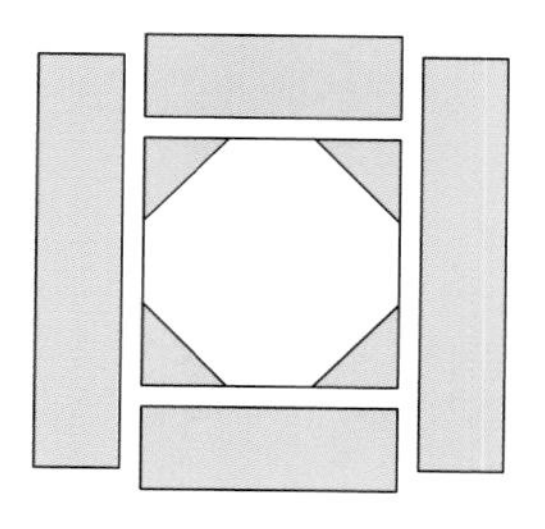

5. 在拼接好的区块四个角分别放上 2×2 英寸的方块。用第 2 步的方法，标记好要缝合的线，将方块缝合到区块上。修剪各角，把区块修剪齐整，成 6.5×6.5 英寸。

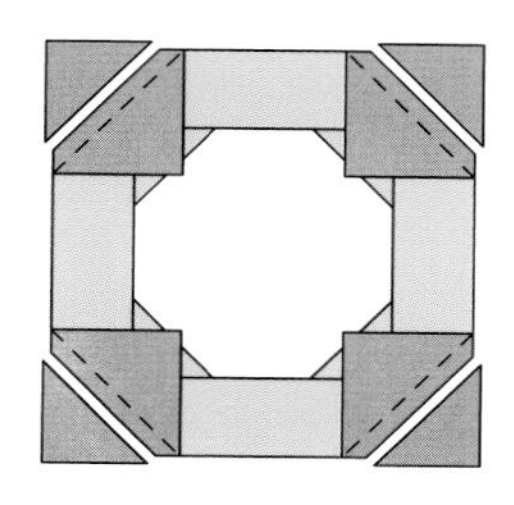

6. 把来自同一印花布的 2×6.5 英寸的布条缝合到区块的顶端和底端。然后将 2×9.5 英寸的布条缝合到左右两边。把区块修剪齐整，成 9.5×9.5 英寸。

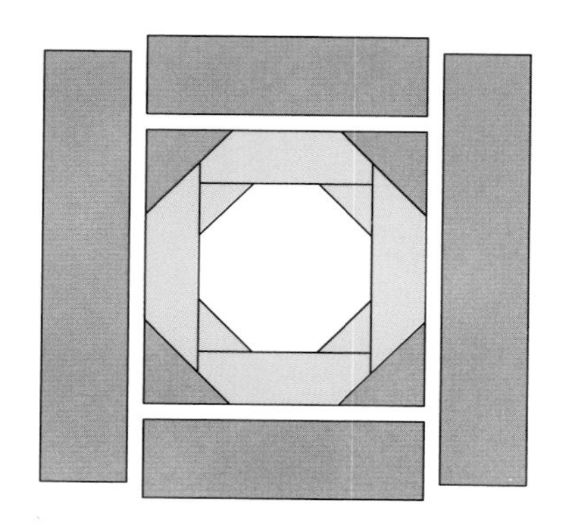

7. 把 2.5×2.5 英寸的中性纯色方块分别放到区块的四角。用同样的方法，标记好要缝合的线，将方块缝合到区块上。修剪缝份，完成区块。把区块修剪齐整，成 9.5×9.5 英寸。

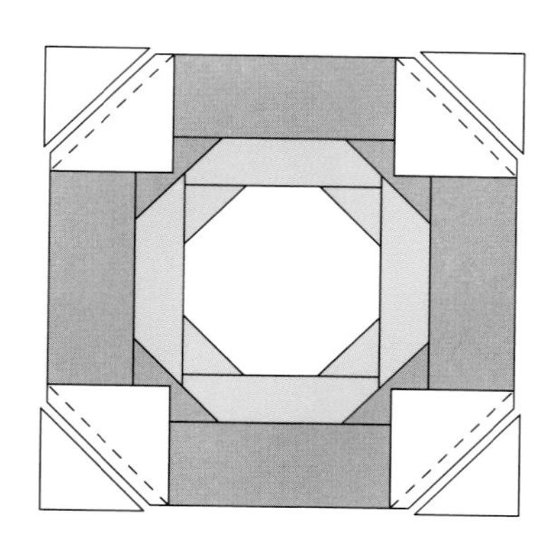

制作表布

1. 把每 5 个区块缝合成 1 个横排，共 6 个横排，如表布组合图表所示缝合。

2. 把 2.5×45.5 英寸的边缘布条缝合到区块的顶端和底端。2.5×58.5 英寸的边缘布条缝合到区块的左右两边，完成表布制作。

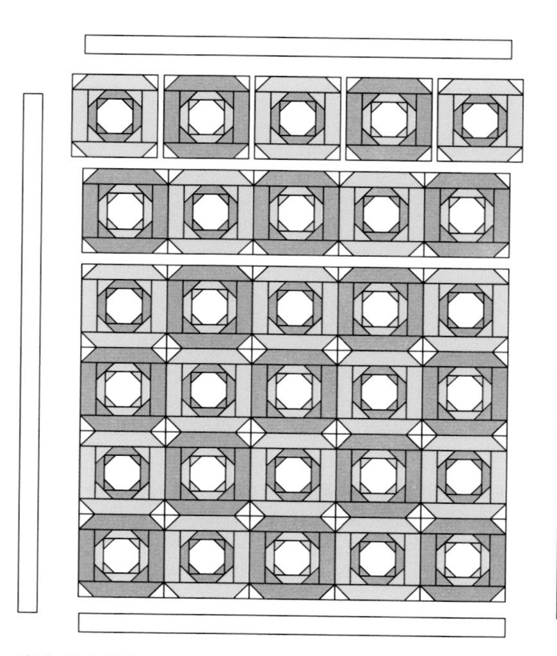

表布组合图表

制作里布

1. 用预留好的 1.5×5.5 英寸的布片制作出一个 5.5×55.5 英寸的拼接面（之后还会剩下一些布条）。把 1.5×55.5 英寸的中性纯色布条缝合到这个拼接面的两个边。

2. 将 18 英寸 × 幅宽的里布布料首尾相连缝合。修剪拼接好的布块成 18×55.5 英寸。把这个部分缝合到拼接面的底端。

3. 把里布的主体布片（另一块较大的印花布）缝合到拼接面的顶端，完成里布制作。

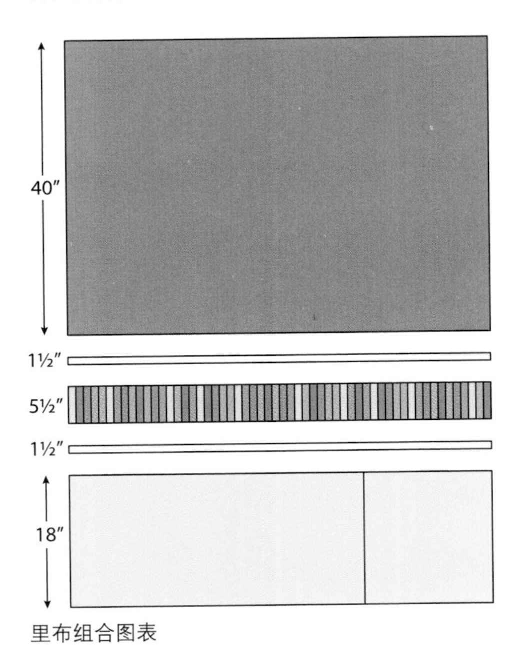

里布组合图表

小贴士

如果里布布料拼接后的缝份太明显（比如，当你采用的是明显的大比例印花布），你可以考虑在两个布片之间再缝上来自另一款印花或纯色布料的狭小的布条。这样似乎有些违反直觉，因为会把注意力吸引到缝份上去。但即便如此，也胜过一条不明显的缝份两边印花协调的效果。

完成拼布

按照拼布制作步骤（第 25~44 页），做拼布三明治、绗缝、滚边，完成拼布。

其他效果

用取图裁剪做出特别效果

可以用取图裁剪法，裁取特别的图案，代替区块中央的中性纯色方块，这样会出现非常有趣的效果。

不拘一格的风格

改变一下纯色与印花布料的位置会带来另一种新鲜的构图效果。在上面这个例子中，我按照图案制作了 2 种区块，其中 1 种用取图裁剪法裁出中央方块，另一个我既用取图裁剪法裁出中央方块，还将 1.5 英寸的印花布条替换成了纯色布条。

更多布料选择

下面是拼布区块印花布料的替代选择方案：

你需要如下布条：30 个 2 英寸 × 幅宽的布条，30 个 1.5 英寸 × 幅宽的布条。以上布条，按照 114 页“区块的印花和纯色布料”的裁剪说明继续裁剪。

选择 1：30 个 1.5 英寸的预先裁好的布条或者碎布条，以及 30 个 2.5 英寸的预先裁好的布条或者碎布条

- 将 2.5 英寸的布条修剪成 2 英寸。

选择 2：15 种不同布料，各 1/4 码，每种裁出：

- 2 个 2 英寸 × 幅宽的布条
- 2 个 1.5 英寸 × 幅宽的布条

选择 3：6 种不同布料，各 5/8 码每种裁出：

- 5 个 2 英寸 × 幅宽的布条
- 5 个 1.5 英寸 × 幅宽的布条

雨露或阳光

区块尺寸：10×10 英寸

拼布尺寸：50×62 英寸

由伊丽莎白·哈特曼制作与机绗。

拼布区块

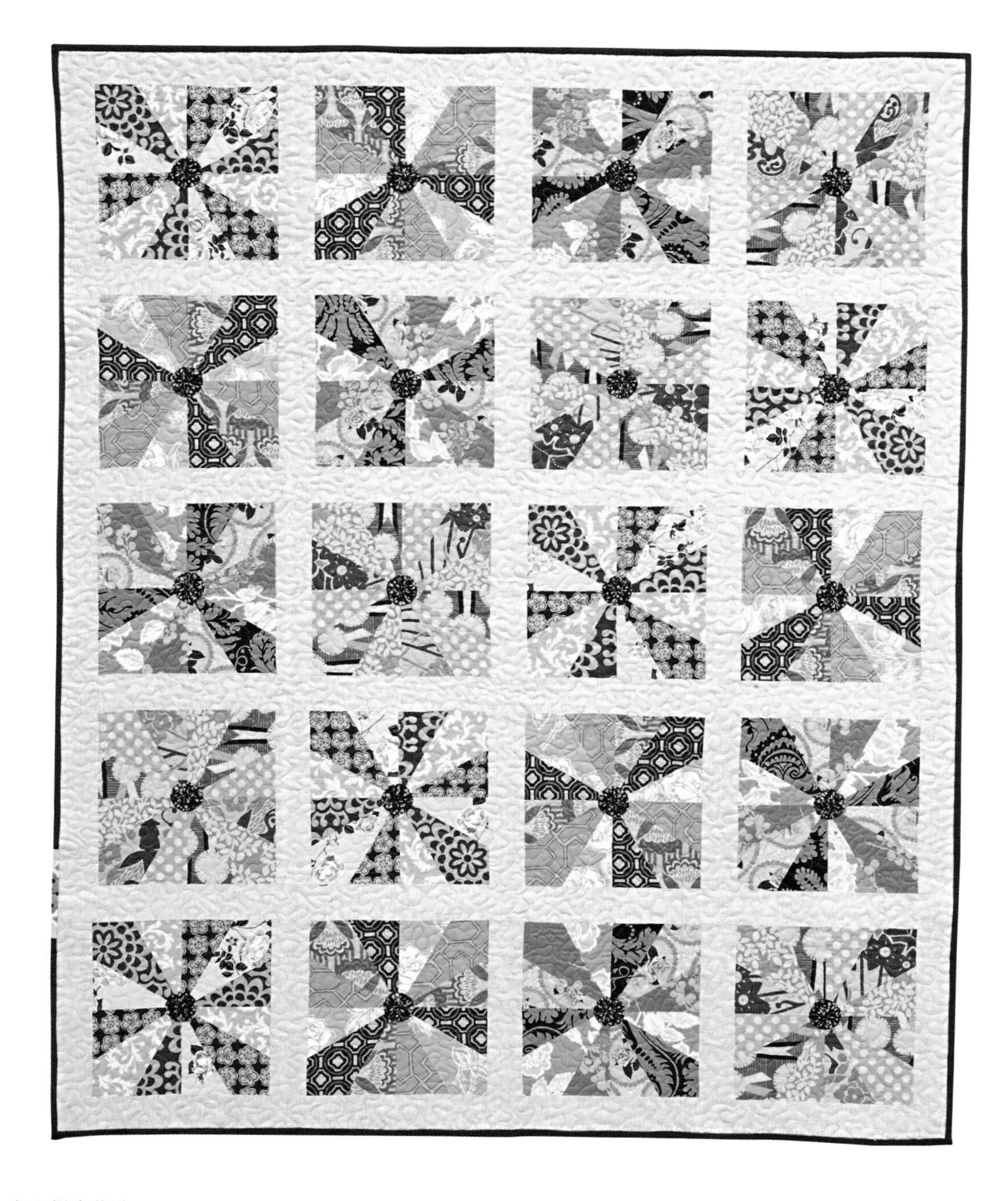

这个作品之所以叫做“**雨露或阳光**”，是因为我觉得它的区块图案既像是从云隙中透出的阳光，又像是雨伞的顶端。

这些区块看上去复杂，实际上每个区块都是由 4 个方块组成，将 4 个方块进行裁剪、分类和缝合而已。这里的方法类似于“天文馆”（第 84 页）中等腰直角三角形的做法，不同只在于，按 30 度角把方块裁剪成三角和风筝形状。

在每个区块的中央部分有精巧的**玫瑰花结**，巧妙地把每个区块中央多条缝份交汇的地方遮盖住，不需要再对这些地方进行绗缝了。

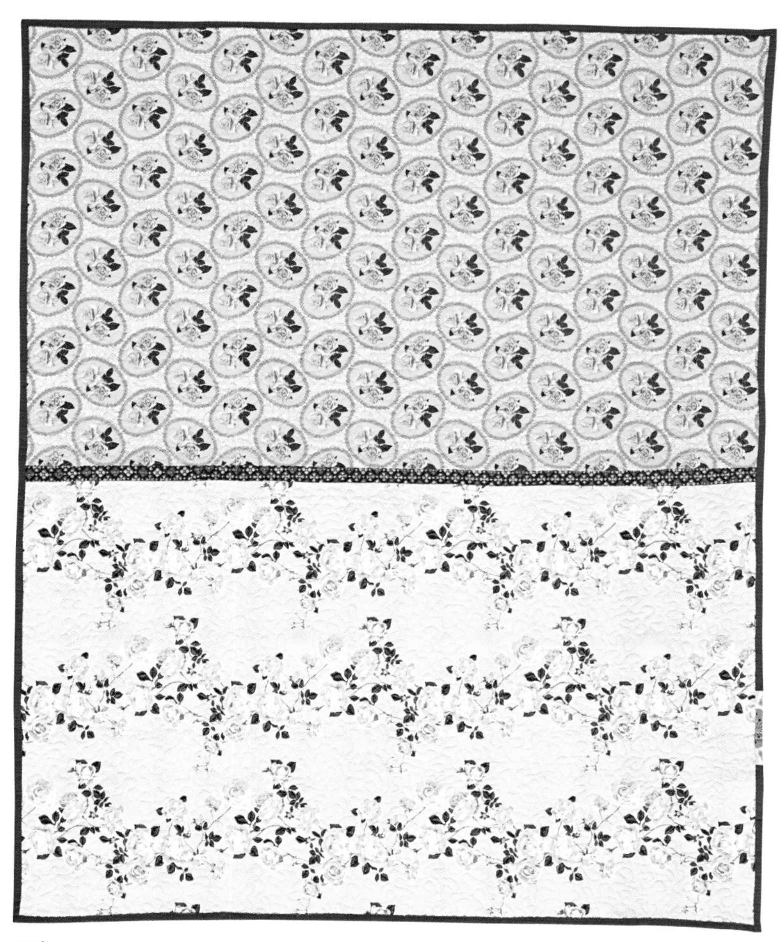

里布

材料

如无特别说明，幅宽至少 40 英寸。

区块：16 种不同印花布*，各 $^{1}/_{4}$ 码

玫瑰花结、里布：稍微暗一些的或者对比色印花布，$^{1}/_{2}$ 码

肩条：中性纯色布料，$1^{7}/_{8}$ 码

里布：2 种印花布，各 $1^{3}/_{4}$ 码

滚边：$^{1}/_{2}$ 码

铺棉：54×66 英寸

整理卡片：20 张

5.5×5.5 英寸的方尺（可选择）

* 更多布料选择及裁剪说明，见第 125 页。

裁剪说明

区块印花布料：

从 16 种不同的印花布上，分别裁出：

- 1 个 6.25 英寸 × 幅宽的布条

  继续裁成 5 个 6.25×6.25 英寸的方块。

暗色或对比色布料：

- 裁出 2 个 1.5 英寸 × 幅宽的布条，用作里布长布条。
- 剩下的布料留待制作玫瑰花结（第 123 页）。

中性纯色布料：

用于肩条，裁出：

- 2 个 2.5 英寸 × 布长的布条，用作左右两边肩条。
- 6 个 2.5 英寸 × 布长的布条，每个布条修剪成 2.5×46.5 英寸，用作横向肩条。
- 1 个 10.5 英寸 × 布长的布条，继续裁成 15 个 2.5×10.5 英寸的布片，用作竖向短肩条。

里布布料：

- 将 2 种不同的印花布修剪掉布边，然后分别修剪成 35×58 英寸。

滚边布料：

- 裁出 6 个 2.5 英寸 × 幅宽的布条。

制作区块

如无特别说明，所有缝份都是 1/4 英寸，并向两边烫开。

裁出有角度的布片

1. 用 20 张整理卡片将 6.25 英寸的方块分类，每张卡片上放置 4 个方块。这些布片将共同组成 1 个区块。各种布片混合搭配，会很有生趣。

2. 把 1 个方块放置到切割垫板上。按照下图所示，在方块的底边和右边离方块右下角 2 3/4 英寸处，都用水消笔或裁缝用粉笔作上小标记。

3. 在方块底端标记与区块的左上角之间，用尺子画出一条直线。沿着尺子画出的线进行裁剪，制作出一个 30 度角的三角形布片（三角形 1）。

4. 在方块右边标记与左上角之间做第二次裁剪，制作出另一个三角形布片（三角形 2）和一个风筝形状的布片，都是 30 度角。

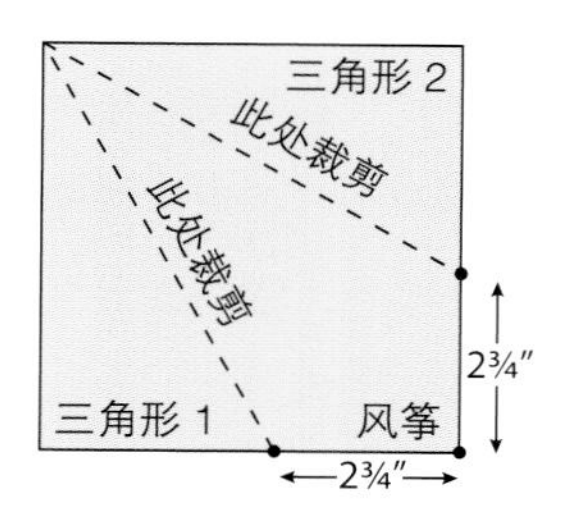

5. 重复第 2~4 步骤，裁剪好剩下的方块，然后把裁好的布片放回到整理卡片上。

小贴士

一次裁剪多个方块可以节省时间，不过要确保准确性。（我一次裁剪 4 个方块，即 1 个区块。）

组合布片

1. 把 1 张整理卡片上的布片放到工作台，整理好 12 个布片，按下图所示分配花色。

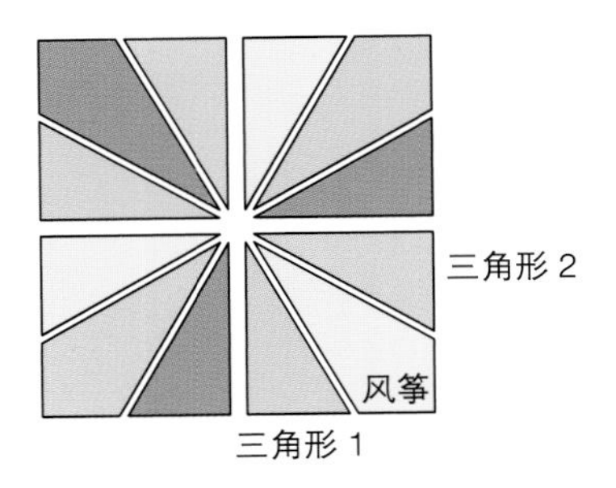

2. 把风筝形状的布片分别缝到三角形布片的两边，这就是 1 个区块的 4 个小方块之一。要使这些布片对齐并不容易，一个比较好的方法是始终保持各点对齐。将其他的布片缝合，制作出另外 3 个小方块。

3. 修剪每个小方块，使之成标准的 5.5×5.5 英寸的方块。从 3 个布片相交处的点开始测量，务必留出 1/4 英寸的缝份。

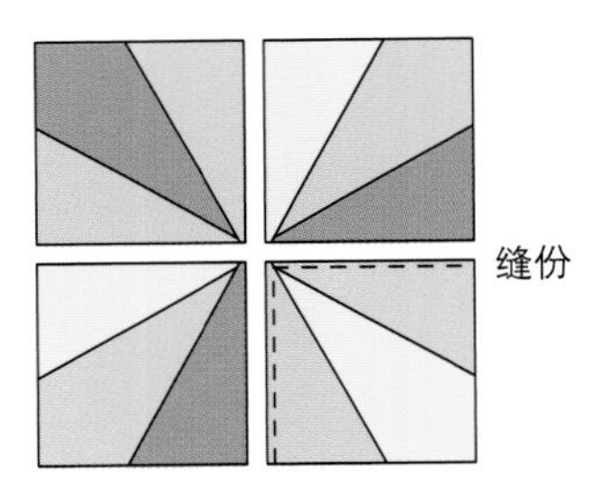

小贴士

如果你的 5.5×5.5 英寸的方尺上有对角线，那么修剪区块的过程就会方便很多。

4. 将 2 个小方块缝合成半个区块，相交点要对准。剩下的 2 个小方块缝合成另一半的区块。将这两个部分缝合，相交点对准，完成整个区块的制作。

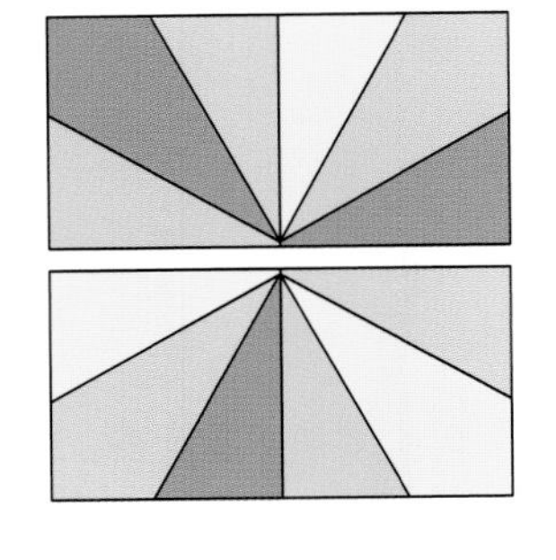

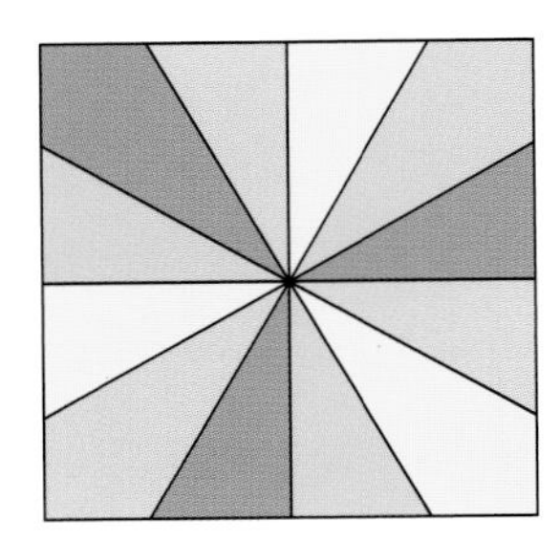

在区块的中间部分会有很多缝份。在烫开缝份的过程中，需要增加熨烫的蒸汽和压力。当你耐心烫开所有缝线，区块整体效果会好得多。如果你发现布片相交点并不完全对齐，也不用担心，我们等会儿添上的玫瑰花结会帮助掩盖这些不完美。

5. 把区块修剪方正，成 10.5×10.5 英寸。

制作玫瑰花结

玫瑰花结是将布料卷收成圈，然后再手缝到拼布表布。

1. 用零碎纸板或塑料片（比如麦片粥的包装盒或酸奶盒盖）做出一个直径为 3 英寸的圆形模板。

2. 用水消笔或裁缝用粉笔，在剩下的玫瑰花结布料背面画出 20 个圆圈。裁出这些圆形布片。

3. 将每个圆形布料的边缘朝背面折大约 $^1/_4$ 英寸，用针线（针线打结固定）手缝边缘（如图）。手缝时保持 $^1/_4$ 英寸的针脚长短。

4. 手缝边缘的针线回到起点后，拉线，整理布料，往中间聚拢。用手指把玫瑰花结熨平，然后打结，切断针线。

5. 把玫瑰花结手缝至每个区块的中心。关于手缝滚边的方法，可参考第 43 页手缝说明。

小贴士

圆形的直径也并非一定要 3 英寸。如果在实际画圆的时候，手头有一个直径 $3^1/_4$ 英寸的饮水瓶，或一个直径 $2^3/_4$ 英寸的洗发水瓶，也是可以替代使用的。你只要确保所有的圆圈都是统一大小就可以了。

小贴士

针脚要均匀，长度为 $^1/_4$ 英寸。如果针脚太小，最后会有太多皱褶，中间也会有一个缺口。如果针脚太大，最后皱褶太大，玫瑰花结会呈现金字塔形状，而不是平整的形状。

我发现有一种方法可以较快判断针脚是否均匀。你可以先将布料穿在针上，针穿满后再拉线。如果针上的皱褶是同样大小的话，针脚就应该是同样大小的。

制作表布

1. 将区块放置成 5 排，每排 4 个区块，每排的 4 个区块之间安排 1 个竖向短肩条。如图所示，将每一横排缝合。

2. 在各横排之间加上横向的肩条布条，将各横排缝合。把另外的横向肩条缝合到表布的顶端和底端。

3. 将两边的长肩条缝合到表布的两边。修剪掉各角多余的长度，使表布成标准的长方形。

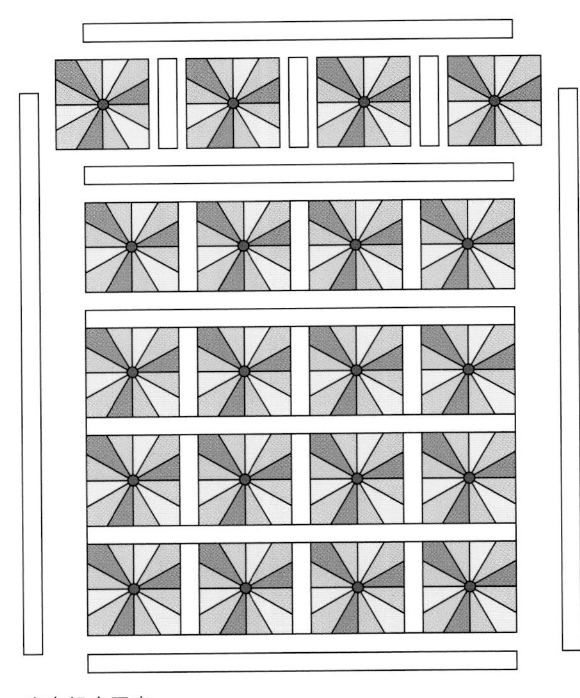

表布组合图表

制作里布

把 1½ 英寸的里布布条缝合，缝合后约 80 英寸长，将其修剪成 58 英寸，然后缝到两块 35×58 英寸的里布之间，长边对齐。

里布组合图表

完成拼布

根据拼布制作步骤（第 25~44 页），做拼布三明治、绗缝、滚边，完成拼布。

其他效果

色相环

这个区块的布局很适合做成一个小型的布料色相环。要做出这个尺寸的拼布，你需要7个6.25×6.25英寸的方块，12种不同的颜色（红色，偏红橙色，橙色，橙黄色，黄色，黄绿色，绿色，偏绿蓝色，蓝色，蓝紫色，紫色，以及紫红色）。按照图案要求裁剪方块，在每一个区块中使用每种颜色的布片各1个。最后会多出1个区块，你可以用它来制作相配套的枕头，迷你拼布或其他作品。

现代派

只用黑白印花制作区块，再加上亮色的纯色肩条，会带来一股新鲜的现代派风格。

更多布料选择

下面是拼布区块印花布料的替代选择方案：

选择1：从碎布上裁出80个不同的6.25英寸的方块

选择2：8种不同的印花布，各½码

- 从每种布料裁出2个6.25英寸×幅宽的布条。再继续裁成10个6.25×6.25英寸的方块。

闲时光系列......

实用拼布指南
——拼布被制作基础全纪录

生活处处有拼布
Sewing

须佐沙知子的
羊毛毡小世界

恋上法式十字绣
甜蜜的家

恋上法式十字绣
童年的记忆
Souvenirs d'enfance
au point de croix

正反面都漂亮的
手编围巾

ScandinavianStitches
北欧风格的缝纫书
21种四季节特色的创意方案

钩编可爱复古风坐垫

雅致的单色绣
蓝色bleu

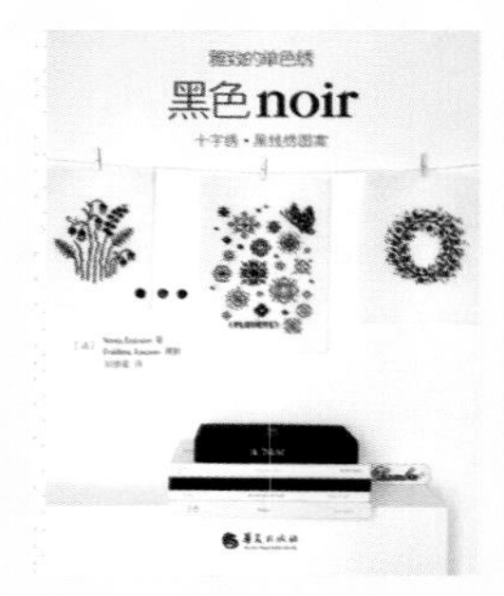
雅致的单色绣
黑色noir

手工编织
毛线袜

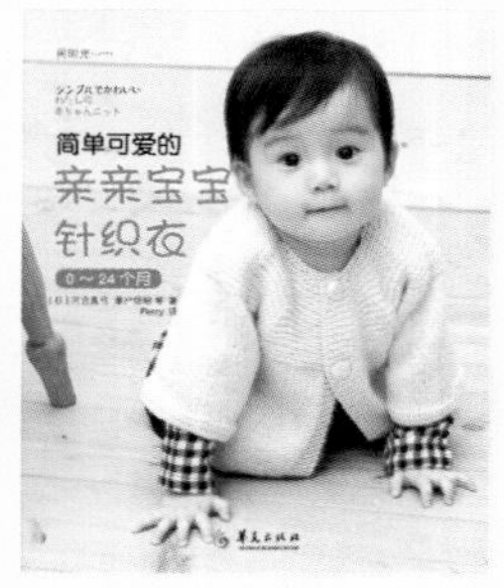
简单可爱的
亲亲宝宝
针织衣
0～24个月

30
min
大人旧衣轻松改成宝宝装

创意纸雕
CREATIVE PAPER CUTTING

手工皂
终极指导书

娜娜妈的
天然皂研究室
30款不私藏
独家配方大公开

娜娜妈教你做
超滋养天然修护手工皂

自己做100%
保养级手工皂
超·简·单

跟着乔叔
做渲染皂

在家做
100%
清洁液体皂
超抗菌

黄金比例的
舒芙蕾松饼

焖烧罐的
养生指南

焖烧罐的
美味指南

自己
酿

买菜学堂，
开课了！

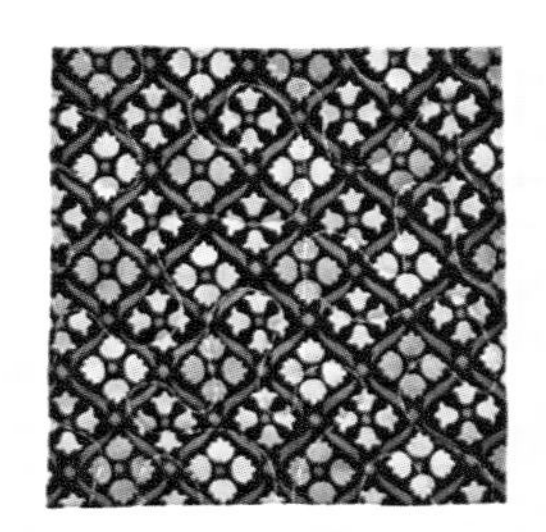